海南城市

景观植物图鉴

HAINAN CHENGSHI

JINGGUAN ZHIWU TUJIAN

宋希强　雷金睿 ◎ 主编

U0215482

中国林业出版社
China Forestry Publishing House

图书在版编目(CIP)数据

海南城市景观植物图鉴 / 宋希强, 雷金睿主编. -- 北京：
中国林业出版社, 2018.7

ISBN 978-7-5038-9695-8

Ⅰ. ①海… Ⅱ. ①宋… ②雷 Ⅲ. ①园林植物－海南－
图集 Ⅳ. ①S68-64

中国版本图书馆CIP数据核字(2018)第180720号

中国林业出版社·生态保护出版中心

策划编辑：刘家玲

责任编辑：刘家玲　甄美子

出	版：	中国林业出版社(100009　北京西城区德内大街刘海胡同7号)
网	址：	http://lycb.forestry.gov.cn
电	话：	(010)83143519　83143616
制	版：	北京美光设计制版有限公司
印	刷：	固安县京平诚乾印刷有限公司
版	次：	2018年9月第1版
印	次：	2018年9月第1次
开	本：	787mm × 1092mm　1/16
印	张：	30.5
字	数：	770千字
定	价：	260.00元

《海南城市景观植物图鉴》
编委会

序

    海南是我国唯一的热带省份和最大的经济特区，地理位置独特。拥有全国最好的生态环境，同时又是相对独立的地理单元。海南的青山绿水、碧海蓝天自古就为文人雅士所称道，在流传于世的诗词歌赋中，无不描绘出海南宛如仙境的动人景象。海南生态环境是大自然赐予的宝贵财富，必须倍加珍惜、精心呵护，使之真正成为中华民族的四季花园、中外游客的度假天堂。

    森林是海岛的命脉，生态是海南的基石。1994年海南省在全国率先停止天然林商业性采伐，1999年率先提出建设生态省，2008年率先建立覆盖全省的森林生态效益补偿制度，使森林得到有效保护、恢复与发展。2018年4月，中共中央国务院出台了《关于支持海南全面深化改革开放的指导意见》，确定海南建设国家生态文明试验区，这为海南林业迎来了重大战略机遇。

    在海南省委、省政府的正确领导和直接推动下，自2011年开始实施"绿化宝岛"大行动，开展植树造林、生态修复工程，已累计完成造林绿化174.1万亩。全省森林覆盖率从60.2%提高至62.1%，森林生态环境和人居环境得到明显改善。2016年印发了《海南省美丽乡村建设五年行动计划》，提出加强村庄绿化、美化、亮化、海绵化改造，高标准建设美丽乡村，改善农村人居环境。然而，规模宏大的城镇造林绿化工程必然对当地植物资源、生态环境、生物多样性保护以及城镇景观风貌塑造等方面造成一定的影响，必须统筹处理好山水林田湖草与城市的关系，促进植物与环境、人与自然和谐共生。因此，迫切需要具有较高科学水平和应用价值、能够全面反应海南城镇景观植物应用现状的图鉴作为指导。欣闻海南大学宋希强教授率领的海南省创新研究团队（热带观赏植物种质资源创制与可持续利用）历经四年编撰的《海南城市景观植物图鉴》一书即将付梓，甚是欣慰。编委会特邀为之作序，我感到很高兴。本书的出版可为林业工程建设和城镇绿化植物运用提供技术依据。在此，我谨向各位编委会成员以及所有为本书付出心血的工作人员，表示衷心的感谢！

    近年来，植物图鉴类书籍林林总总，内容无外乎包含植物形态特征描述、产地、习性及园林应用等方面，千篇一律。该书在保留这些基础植物资料的同时进行了删减，加入了作者自身掌握的一些植物信息，丰富了植物识别内容。值得一提的是，作者将植物来源、濒危程度、有无芳香、是否有毒以及植物观赏特征等内容简明扼要地以统一小图标的形式在每种植物上标注出来，增强了趣味性和实用性。除此之外，该图鉴还具备以下特点：

第一，种类齐全，参考性强。该书在海南各市县植物调查的基础上，精心挑选并收录了海南常见城市景观植物615种，基本囊括了海南城市景观植物中的主要种类。全书共配有精美高质量植物图片近1800幅，集中展示每种植物主要观赏部位和分类特征，具有重要的应用参考价值。

第二，编排规范，科学性强。书中每一种植物都是经过专家严格科学鉴定而收录，按照植物分类系统进行编排，并列明相应信息。植物中文名及拉丁名以《Flora of China》为准进行校对核实。

第三，内容实用，趣味性强。此书内容全面、信息丰富、实用性很强、读者范围较大，既可作为科研或教学工具书，也可作为城市园林绿化、植树造林、苗圃经营等方面工作人员、植物爱好者，甚至旅游者提供参考或鉴赏依据。书中部分种类植物配有小贴士信息，书末附有植物学小知识，也是对景观植物趣味性和实用性的拓展。

众所周知，海南是我国具有岛屿型热带雨林面积最大、物种多样性最为丰富的关键地区；其植被类型多样、结构复杂、物种组成丰富，是我国热带雨林、季雨林的重要分布地区，具有重要的保育价值和旅游科普价值。同时，热带雨林中植物文化悠久迷人，奇异的热带植物景观也常常让人惊叹，这些都是海南国际旅游岛建设不可或缺的景观元素。2018年是海南建省办经济特区30周年，需牢固树立和全面践行"绿水青山就是金山银山"的理念，为全国生态文明建设作出表率。《海南城市景观植物图鉴》的出版，将成为加强生态文明建设、落实乡村振兴计划、建设美好新海南等工作的重要参考书籍。

是为序！

海南省林业厅总工程师，博士
2018年6月于椰城

前 言

海南岛屹立于南海大陆架北端，面积约3.4万平方千米，海岸线长1944.4千米，为我国最大的低纬度热带岛屿，具有典型的热带季风海洋性气候。地貌类型多样，地形中高周低，以五指山、鹦哥岭为隆起核心，向外围逐级递降。全岛气候东湿西干，南暖北凉，中部有五指山相隔，形成大环境中的地域性和生境的多样化。全岛年平均气温23.8～26.2℃，年日照时数1750～2750小时，年降水量1000～2500毫米，光、热、水资源特别丰富，是"天然大温室"。

海南岛生物多样性极为丰富，是巨大的物种基因库和奇妙的植物大观园。以占全国0.35%的土地面积，孕育了大量植物种类；拥有我国最完美和种类最丰富的热带雨林，素有"热带植物宝库"之称。据统计，全岛拥有维管束植物6036种，约占全国植物总数的1/5，其中本地野生植物4679种，特有植物397种，观赏植物2000余种。在为数众多的热带观赏植物资源中，不同特色的植物给人以不同的感觉：有的树干挺拔、姿态优美，有的花果奇特、色彩绚丽，有的芳香四溢、招蜂引蝶，有的生境特殊、特征明显，有的食用药用、神奇美味，有的甚至剧毒无比；与不同地形、建筑、溪石小品相配置，则景色万千、意境迥异。然而，这些特色也会随着季节及栽种时间长短的变化而变化，姿态各异，意味悠长。更为特别的是，由于海南岛独特的气候环境条件、地形地貌特征，热带地区的景观植物也表现出其他地区所没有的"热带个性"，如独木成林、老茎生花（结果）、空中花园、板根现象、绞杀现象、滴水叶尖、巨藤飞舞等奇特的植物景观现象，这些共同构成了热带雨林植物景观的标志和海南国际旅游岛热带风情旅游资源不可或缺的景观要素。

花是植物最重要的观赏特性，姹紫嫣红、万里飘香。一些花形奇特的种类很吸引人，如三角梅、美蕊花、百香果、鹰爪花、串钱柳、苏铁、玉蕊、牛角瓜、鹤望兰、金嘴蝎尾蕉等。人们在赏花时更喜闻香，如白兰、含笑、九里香、夜香树、依兰、米兰、茉莉、桂花、小蜡、散沫花等则是备受亲睐，是极佳的行道树、庭园树和景观树种。不同花色组成绚丽的色块、色斑、色带及图案在配置中极为重要，有色有香则更是上品。

很多植物的叶片颇具特色。巨大的叶片如棕榈科植物，长宽可达数米，直上云霄，非常壮观；又如海芋、面包树、柚木等巨叶植物；奇特的叶片如羊蹄甲属、菩提树、轴榈、变叶木、旅人蕉、雨树等；彩叶植物更是在园林绿化中大量运用，如黄金榕、红背桂、红龙草、黄馨梅、红车、彩叶扶桑、彩叶草、金脉爵床等，是城市色彩不可或缺的组成部分。有些植物的叶子还会挥发出香气，如樟树、柠檬桉、阴香、肉桂、黄皮等。

热带植物的果实也极富观赏价值。果形奇特的如杨桃、莲雾、人心果、刺果番荔枝、红毛丹、糖胶树、露兜树、猫尾木等；果实巨大的如波罗蜜、椰子、铁西瓜、吊瓜树、番木瓜等；还有很多果实的色彩十分鲜艳，如杧果、荔枝、火龙果、蛋黄果、五桠果等；更有改变人味觉的奇特植物——神秘果。此外，许多热带植物的果实直接生长在树干上，别有一番趣味，如波罗蜜、铁西瓜、可可、大果榕、对叶榕等。

许多乔灌木的枝干也是其主要的观赏特性，如酒瓶兰、酒瓶椰子、槭叶酒瓶树树干如酒瓶，棍棒椰子树干如棍棒，佛肚竹、佛肚树树干如佛肚，象腿辣木、象脚丝兰树干如象腿，等等。茎干有色泽的如黄金间碧竹、粉单竹、糖棕等；茎干长刺的有木棉、美丽异木棉、铁海棠、刺桐、土坛树等；干皮斑驳的有非洲楝、白千层、窿缘桉、大花紫薇等。还有的枝条纤长柔软而下垂，如垂枝红千层、千头木麻黄、光棍树等。

景观植物裸露的根同样有很高的观赏价值。热带雨林植物的板根让人叹为观止，如大叶榄仁、人面子、见血封喉、木棉、尖叶杜英等。气生根的有榕树，形成独木成林的壮观景象；亦有锦屏藤，垂悬而下，洋洋洒洒，恰如一帘幽梦。红树林植物的呼吸根也别具特色，如海桑、红树、红海榄等。

海南所处的热带地区植被类型丰富多样，在城市植物景观中也分布着一些典型的植物类群，体现着地域特色和文化内涵。观赏棕榈科植物是一类生长形式独特、具有浓郁热带风情的景观植物，在热带与南北两半球暖亚热带地区最广泛地应用于园林绿化工程和城市景观生态建设中。世界上许多城市以引种棕榈类植物来显示自身的高贵与典雅，是展现热带风情的重要景观植物。棕榈科植物树干端直、挺拔，树冠婆娑、洒脱，有的种类叶形妩媚、色泽秀丽，花序硕大、花色夺目、香气四溢，果色艳美，构成南方其他科植物所不能替代的热带特有的园林景观。在城市绿地中，常见棕榈植物列植、群植、对植或孤植于其中，形成一道独特迷人的风景线，更成为热带植物景观的标志性树种。需要强调的是，红树林（mangrove）植物也是海南城市景观植物重要而独特的组成部分。它是生长在热带、亚热带海岸潮间带的特殊植被，同时具备沙漠植物、沼泽湿地植物和热带雨林植物等三大类型植物特征的世界上极为特殊的植物类群，主要分布在海南岛东北部的东寨港和清澜港、南部的三亚及西部的新英港等区域，素有"海上森林"和"海岸卫士"之称。海南是我国红树林植物的分布中心，滩涂面积大，红树林植物种类丰富、类型多样、景观奇特，特别适合作为热带、亚热带滨海城市以及海岸滩涂、海堤绿化树种，用作海景树、庭荫树、园景树或行道树等，构成独特的热带海岸植物景观。

值得注意的是，在热带地区植物种类繁多，有相对较多的植物的花、果、叶、汁液等可能会对人体特别是儿童造成伤害甚至引起死亡。它们或者有毒，或者接触时会刺激皮肤，如夹竹桃科的黄花夹竹桃、夹竹桃、鸡蛋花、海杧果、狗牙花，大戟科的琴叶珊瑚、火殃勒、铁海棠，含羞草科的海红豆，天南星科的花叶万年青、海芋，马鞭草科的马缨丹等多种植物；含剧毒成分的大戟属、见血封喉等植物在海南作为观赏植物也有较为广泛的栽培。因此，在进行城市植物景观营造时，应谨慎选择植物，尽量避免此类植物出现在游览路线和大众活动场所附近。

综上所述，海南独特的地理气候条件孕育了丰富的热带植物种质资源和良好的自然环境，为城市绿化树种的选择提供物质基础和环境基础。景观绿地是城市重要的基础设施和地表覆被，也是人居环境可持续发展最主要的载体。景观绿地作为城市唯一具有生命的基础设施，不仅仅美化环境、提供休闲娱乐场所、陶冶情操、提高居民文化品位，而且在净化空气、降低噪音、调节气候等方面起到重要作用，是改善生态环境，促进节能减排，发展低碳经济成本最低、效果最明显的公共工程之一。

经过多年的努力，海南城市景观绿化建设取得了显著的成绩，城乡面貌、城市环境明显改观，绿树成荫、鲜花盛开，被誉为全国人民的四季花园。但是，目前海南城市绿化依然存在总体景观效果不佳、档次不高、精品不多、开花植物和芳香花卉少、垂直绿化不足、物种同质化严重、热带景观特色不够浓郁等不足，与海南适宜植物生长的地理区位、气候环境以及丰富多样植物种类等得天独厚的优越条件极不相称，已经很难满足城市化进程的持续加快和人们日益增长的美好生活需要所带来的挑战，对景观植物的种类和质量要求也不断提高。因此，在城市绿化过程中应充分注重优势植物与物种多样性相结合、乡土植物与外来植物相结合、热带植物与非热带植物相结合、观赏植物与功能植物相结合，以及常绿植物与落叶植物相结合等植物景观规划原则，师法自然，营造出丰富多彩、层次错落且具热带风情的城市植物景观，绿化香化美化城市面貌，推进海南国际旅游岛建设。

当前，海南地区的植物资源经过众多植物科学工作者的调查研究，已编著了多部专业植物志书和图册。然而，广大的城市园林工作者和植物爱好者在栽培应用、欣赏鉴定这些植物时，依然缺乏相应的便携式图鉴手册。为此，我们经过长期准备，组织编写了《海南城市景观植物图鉴》一书。

本书在海南各市县景观植物调查的基础上，精心挑选并收录了人工露地种植、长势优良且应用前景较好的海南常见城市景观植物106科615种（含4亚种、22变种、3变型和44栽培品种），其中蕨类植物3科5种、裸子植物5科12种、双子叶植物81科433种、单子叶植物17科165种，基本囊括了海南城市景观植物中的主要种类。值得注意的是，海南岛复杂的地形地貌形成气候跨度较大、区域小气候多样化的特点，植物分布差异性十分显著，书中所收录植物有些种类在部分区域引种生长良好，但尚不宜全域推广作景观绿化。如锦绣杜鹃、二乔木兰、荷花玉兰、山茶、桂花等适合生长在海南中部山地等湿冷地区，在沿海低平炎热地区长势不佳。为避免引起误导，书中将会适当指明。

书中科的排列，蕨类植物按秦仁昌（1978年）分类系统，裸子植物按郑万钧（1975年）分类系统，被子植物按哈钦松（1934年）分类系统；属、种按照拉丁学名字母顺序排列。主要介绍植物均列出其中文名、别名、拉丁学名（以《Flora of China》为准）、科名、属名、花果期、识别特征（含变种、栽培种和相近种辨析）、产地分布、习性繁殖、园林用途，以及小贴士等植物资料，并配高质量彩图4幅，以全面展示其全株及花、叶、果、茎等主要观赏部位的特征，全书共有植物图片近1800幅。每页植物图谱标有代表植物来源、濒危保护、芳香、有毒和观赏特征（分为观花、观果、观叶、观根茎和观株型）五类属性的小图标，以及植物二维码。书末附有植物学小知识、植物形态术语图解、植物中文名（包括别名）索引和拉丁学名索引等内容，便于读者参考、检索与鉴赏。

该书本着科学性、实用性、丰富性、精美性的原则对每种植物进行精心编排，内容翔实、设计精美；力争向读者直观、全面地展示热带城市景观植物的丰富多彩与独特魅力，是一本集鉴赏价值与实用价值于一体、知识性与趣味性于一身、图文并茂的便携式景观植物图鉴。本书可为景观规划、园林植物设计以及科研工作人员、院校师生和植物爱好者在应用和鉴定植物时提供参考。

本书在编写时得到众多专家学者的建议与支持，并提供图片，在此对各位专家学者的支持表示衷心地感谢！同时感谢海南大学天涯芳草课题组全体师生一如既往的鼓励与支持！限于编者水平，书中错漏之处在所难免，恳请读者指正，以期完善与提高。

编 者

2018年5月于椰城东坡湖畔

使用指南

参考《海南植物图志》和
《中国入侵植物名录》

B 本地种　**Z** 栽培种　**R** 入侵种

参考国家和省级重点保护野
生植物名录、《中国芳香植
物》和《中国有毒植物》

保护植物　芳香植物　有毒植物

参考《中国景观植物》等

观花　观果　观叶　观根茎　观株型

科属　　中文名 别名　拉丁学名　　图标

二维码

扫描链接海南植物
图库，进一步拓展
知识阅读。

植物资料

包括植物识别特征
（含部分变种、相
近种辨析）、产地分
布、习性繁殖、园林
用途及小贴士等植
物资料。

175 ｜ 海南城市景观植物图鉴

Z ......

花期6～7月，果期8～10月

凤凰木　凤凰花、红花楹、金凤花

Delonix regia (Boj.) Raf.

苏木科凤凰木属

识别特征 落叶乔木，高达20米❶。树冠扁圆形，分枝多而开展。叶为二回偶数羽状复叶，具托叶；小叶密集对生，长圆形，先端钝，基部偏斜，边全缘❷。伞房状总状花序顶生或腋生；花大而美丽，鲜红至橙红色；花瓣具黄及白色花斑❸。荚果带形，扁平❹。

产地分布 原产马达加斯加。世界热带地区常栽种，我国华南地区广为栽培。

习性繁殖 喜高温、多湿和阳光充足环境，不耐寒。播种或扦插繁殖。

园林用途 树冠扁圆而开阔，枝叶茂密；花大而色泽鲜艳，盛开时红花与绿叶相映，色彩夺目。宜作行道树、园景树或庭荫树。

小贴士：
"叶如飞凤之羽，花若丹凤之冠"，故名之。
花语是离别、思念、火热青春。

苏木科

页码

花期果期

受地理气候环境、
种植管理等影响，
不同区域有差异。

植物图片

植物生境景观、全
株、叶、花、果、根
或茎等部位中的4
幅图片。
图片编号与植物资
料介绍相对应。

目 录

卤蕨 金蕨

Acrostichum aureum L.

卤蕨科卤蕨属

识别特征 多年生草本，高达2米❶。根状茎直立，顶端密被褐棕色的阔披针形鳞片。叶簇生，奇数一回羽状，顶端圆而有小突尖，或凹缺而呈双耳，基部楔形，全缘，通常上部的羽片较小，能育❷。叶脉网状，两面可见。叶厚革质，干后黄绿色，光滑；孢子囊满布能育羽片下面，无盖。同属种有尖叶卤蕨 *A. speciosum*，植株较小❸，叶片顶部略变狭，短渐尖❹。

产地分布 产于海南、广东、广西、云南及台湾等地，琉球群岛、亚洲其他热带地区、非洲及美洲热带均有分布。

习性繁殖 喜阳光充足、半湿润环境。孢子或分株繁殖。

园林用途 真红树植物。植株茂密，叶色葱绿。宜作庭院观赏或滨海绿化。

铁角蕨科

巢蕨 鸟巢蕨、山苏花

Neottopteris nidus (L.) J. Sm.

铁角蕨科巢蕨属

识别特征 多年生附生草本，植株高达1米❶❷❸。叶簇生，叶厚纸质或薄革质，干后灰绿色，两面均无毛。叶片阔披针形，渐尖头或尖头，向下逐渐变狭而常下延，叶边全缘并有软骨质的狭边，干后反卷。孢子囊群线形，生于小脉的上侧，叶片下部通常不育；囊群盖线形，浅棕色，厚膜质，全缘，宿存❹。

产地分布 产于亚洲热带及我国海南、台湾、广东、广西、云南等地。现世界各地多有栽培。

习性繁殖 喜高温湿润、半阴环境，不耐强光。孢子或分株繁殖。

园林用途 叶片密集，叶色翠绿；株型丰满，姿态优美，呈鸟巢状，是热带雨林空中花园奇观的主要种类。宜作庭院观赏、立体绿化。

肾蕨 圆羊齿

Nephrolepis auriculata (L.) Trimen

肾蕨科肾蕨属

识别特征 多年生草本，高达80厘米❶❷。附生或土生，根状茎直立。叶簇生，暗褐色，密被淡棕色线形鳞片；叶片线状披针形或狭披针形，先端短尖，一回羽状，羽状多数。叶坚草质或草质，干后棕绿色或褐棕色。孢子囊群成1行位于主脉两侧，肾形❸。同属种有长叶肾蕨*N. biserrata*，叶片通常长70～80厘米或超过1米❹。

产地分布 产于我国长江以南及西藏等地，广布于世界热带、亚热带地区。

习性繁殖 喜半阴，忌强光直射，不耐寒；喜温暖、潮湿环境；对土壤要求不严。孢子、播种或分株繁殖。

园林用途 叶姿细致柔美，叶色绿意盎然，颇富野趣，为优良的墙垣植物。宜作庭院观赏、垂直绿化或地被植物。

海南苏铁 刺柄苏铁
Cycas hainanensis C. J. Chen
苏铁科苏铁属

花期3~5月，果期9~10月

识别特征 常绿乔木，高达3.5米❶。叶柄横切面四方状圆形，两侧密生刺；羽状裂片近对生，条形，革质，斜上伸展，边缘微向下反卷，上面深绿色，下面淡绿色，两面光滑❷。雌球花扁球形❸，雄球花塔形❹。大孢子叶幼时被褐色绒毛，边缘羽状分裂，裂片条状钻形；胚珠卵圆形，无毛。种子呈红褐色，宽倒卵圆形。

产地分布 特产于海南，分布于霸王岭、吊罗山、尖峰岭、鹦哥岭等地。海口等部分地区有栽培。

习性繁殖 喜光，稍耐半阴；喜温暖、湿润环境，不甚耐寒，能耐干旱；喜肥沃湿润和微酸性的土壤。播种或分株繁殖。

园林用途 树姿优美，枝叶伸展，开花奇特。宜作庭院观赏或花坛。

苏铁 铁树、凤尾蕉

Cycas revoluta Thunb.

苏铁科苏铁属

花期5～7月，果期9～10月

识别特征 常绿乔木，高达2米❶。羽状叶从茎的顶部生出，下层的向下弯，上层的斜上伸展。羽状裂片达100对以上，条形，厚革质，坚硬，向上斜展微成"V"字形，边缘显著地向下反卷。雄球花圆柱形❷；雌花圆球形❸，大孢子叶密生淡黄色或淡灰黄色绒毛。种子红褐色或橘红色，倒卵圆形或卵圆形❹。

产地分布 产于我国南部，南亚及东南亚也有分布。现我国各地均有栽培。

习性繁殖 喜光；不耐寒冷，喜暖热、湿润环境；喜肥沃、微酸性土壤。播种、分株或切干扦插繁殖。

园林用途 树形优美，四季常青，高贵典雅。宜作庭院观赏或花坛。

泽米铁科

鳞秕泽米铁 南美苏铁、墨西哥苏铁

Zamia furfuracea Ait.

泽米铁科泽米铁属

花期6～7月，果期9～10月

识别特征 常绿灌木，高达80厘米❶❷。多为单干，干桩高15～30厘米，少有分枝，有时呈丛生状，粗圆柱形。羽状复叶平展，羽片长圆形至卵状长圆形，厚革质，翠绿而光亮，上部密生钝锯齿，顶端钝渐尖，边缘背卷，背面密被鳞秕❸。雄球花圆柱形，灰绿色；雌球花圆柱形，被淡褐色茸毛❹。种子成熟时淡红色。

产地分布 原产墨西哥，世界热带地区广为栽培。我国海南、广东等地常有栽培。

习性繁殖 喜光，耐半阴；喜高温、湿润环境，也耐干旱；喜排水良好、富含有机质的土壤。播种或分株繁殖。

园林用途 全株终年青翠，叶片硬厚，球花美艳。宜作庭院观赏或花坛。

矮泽米

Zamia pumila L.

泽米铁科泽米铁属

花期6～9月，果期10月至翌年1月

识别特征 常绿小灌木，高达60厘米❶。植株较小型，多分枝。幼叶灰绿色，密生锈棕色柔毛；斜展至直立，两侧平，每侧具5～30片小叶；小叶线性至披针形，先端钝，常反卷，叶柄多刺❷。花雌雄异株，雄球花3～6朵簇生，圆柱形，棕红色；大孢子叶球长卵形❸。球果成熟时红褐色；种子卵形，红色❹。

产地分布 原产西印度群岛。我国海南、广东及广西等地均有栽培。

习性繁殖 喜光；在半阴环境中生长更好；耐旱，忌积水，耐贫瘠；喜疏松且排水良好、富含有机质的砂质壤土。播种繁殖。

园林用途 株型矮小，姿态优美，红褐色球果鲜艳奇特。宜作花坛或庭院观赏。

南洋杉科

南洋杉 肯氏南洋杉

Araucaria cunninghamii Sweet

南洋杉科南洋杉属

花期10～11月，果期翌年5～8月

识别特征 常绿乔木，在原产地高达70米❶。叶二型，幼树和侧枝的叶排列疏松，开展，钻状、针状、镰状或三角状❷。雄球花单生枝顶，圆柱形。球果卵形或椭圆形，苞鳞楔状倒卵形，两侧具薄翅，先端宽厚，具锐脊；种子椭圆形。同属种有异叶南洋杉*A. heterophylla*，树皮薄片状剥落；叶钻形，四棱状；球果较大，近球形；苞鳞的先端具急尖的三角状尖头❸❹。

产地分布 原产大洋洲东南沿海地区。我国华南等地广为引种栽培。

习性繁殖 喜光；喜温暖、湿润环境，不耐寒，不耐旱。播种或扦插繁殖。

园林用途 树干通直，树形高大；树冠塔形，姿态苍劲挺拔、整齐而优美。宜作行道树或园景树。

圆柏 桧柏

Juniperus chinensis L.

柏科刺柏属

花期3～4月，果期10月

识别特征 常绿乔木，高达20米❶。小枝通常直或稍成弧状弯曲，生鳞叶的小枝近圆柱形或近四棱形。叶二型，即刺叶及鳞叶；刺叶生于幼树之上，老龄树则全为鳞叶，壮龄树兼有刺叶与鳞叶❷。雌雄异株，稀同株，雄球花黄色，椭圆形。球果近圆球形，熟时暗褐色，被白粉。栽培种有龙柏'Kaizuca'，树冠圆柱状或柱状塔形；枝条向上直展❸❹。

产地分布 产于我国大部分地区，日本、朝鲜也有分布。现温带及亚热带地区广为栽培。

习性繁殖 耐阴；喜温凉、温暖环境及湿润土壤。播种、扦插或压条繁殖。

园林用途 树形优美，树冠圆整，奇姿古态。宜作行道树、园景树或绿篱。

柏科

侧柏 黄柏

Platycladus orientalis (L.) Franco

柏科侧柏属

花期3~4月，果期10月

识别特征 常绿乔木，高达20米❶。枝条向上伸展或斜展，生鳞叶的小枝细，向上直展或斜展，扁平，排成一平面。叶鳞形，先端微钝，背面中间有条状腺槽❷。雄球花黄色，卵圆形；雌球花近球形，蓝绿色，被白粉❸。球果近卵圆形，成熟后木质，红褐色❹；种子卵圆形或近椭圆形，灰褐色或紫褐色。

产地分布 产于我国大部分地区，朝鲜、俄罗斯也有分布。现温带及亚热带地区广为栽培。

习性繁殖 喜光，稍耐阴；喜温暖、湿润环境，稍耐寒；对土壤要求不严。播种或扦插繁殖。

园林用途 树形优美，枝干苍劲，气魄雄伟，肃静清幽。宜作园景树或绿篱。

竹柏 罗汉柴

Nageia nagi (Thunb.) Kuntze

罗汉松科竹柏属

花期3～4月，果期10月

识别特征 常绿乔木，高达20米❶。树皮近于平滑，红褐色或暗紫红色；枝条开展或伸展，树冠广圆锥形。叶对生，革质，长卵形至披针状椭圆形，有多数并列的细脉，无中脉❷。雄球花穗状圆柱形，单生叶腋，常呈分枝状；雌球花单生叶腋，稀成对腋生❸。种子圆球形，成熟时假种皮暗紫色，有白粉。同属种有长叶竹柏*N. fleuryi*，叶交叉对生，宽披针形❹。

产地分布 产于我国长江流域及以南各省区，日本也有分布。

习性繁殖 喜光，也耐阴；喜温热、湿润环境；喜排水良好、肥沃的酸性土壤。播种或扦插繁殖。

园林用途 枝叶青翠而有光泽，树冠浓郁。宜作行道树、园景树或庭荫树。

罗汉松 罗汉杉

Podocarpus macrophyllus (Thunb.) D. Don

罗汉松科罗汉松属

花期4～5月，果期8～9月

识别特征 常绿乔木，高达20米❶。叶螺旋状着生，条状披针形，微弯，先端尖，基部楔形，中脉显著隆起，下面带白色、灰绿色或淡绿色❷。雄球花穗状、腋生；雌球花单生叶腋❸。种子卵圆形，熟时肉质假种皮紫黑色❹，有白粉，种托肉质圆柱形，红色或紫红色。

产地分布 产于我国长江流域及以南各地，日本也有分布。

习性繁殖 喜光，较耐阴；喜温暖、湿润环境，耐寒性弱，抗风。播种或扦插繁殖。

园林用途 树形优美，四季常青，果实红艳。宜作盆景、园景树或庭荫树。

小贴士：

绿色种子与红色种托似许多披着红色袈裟在打坐的罗汉，故名"罗汉松"。

海南木莲 龙楠树、绿楠、绿兰

Manglietia fordiana var. *hainanensis* N. H. Xia

木兰科木莲属

花期4～5月，果期9～10月

识别特征 常绿乔木，高达20米。叶薄革质，倒卵形，先端急尖或渐尖❶。佛焰苞状苞片薄革质，阔圆形；花倒卵形，外面绿色；雄蕊群红色❷。聚合果褐色，种子红色，稍扁。同科种有荷花玉兰*Magnolia grandiflora*，叶厚革质，椭圆形，先端钝或短钝尖，叶面深绿色❸；花白色，有芳香❹。

产地分布 特产于海南。海口金牛岭公园、儋州热带植物园等地有栽种。

习性繁殖 喜高温、高湿环境，忌水涝；喜肥沃、疏松和排水良好的壤土。播种、压条或嫁接繁殖。

园林用途 树干通直，树冠伞形，花高洁优雅。宜作园景树、行道树和庭院观赏。

木兰科

白兰　白缅花、缅桂

Michelia alba DC.

木兰科含笑属

花期4～9月，果期10～11月

识别特征　常绿乔木，高达17米❶。叶薄革质，长椭圆形或披针状椭圆形；托叶痕几达叶柄中部❷。花白色，极香；花被片披针形❸。蓇葖疏生的聚合果，蓇葖熟时鲜红色。相近种有黄兰（黄玉兰、黄缅桂）*M. champaca*，花黄色；托叶痕长于叶柄的一半❹。

产地分布　原产印度尼西亚爪哇。我国长江流域以南各地均有栽培。

习性繁殖　喜光；怕高温，不耐寒，喜温暖、湿润环境，不耐干旱和水涝，抗性差。压条或嫁接繁殖。

园林用途　花洁白清香，花期长，叶色浓绿，树冠宽广。宜作行道树、园景树或庭荫树。

小贴士：

白兰可作香料和药用，也可作嫁接黄兰的砧木。花语是纯洁的爱、真挚。

含笑

Michelia figo (Lour.) Spreng.

木兰科含笑属

花期3～5月，果期7～8月

识别特征 常绿灌木，高达3米❶。全株被黄褐色绒毛。叶革质，狭椭圆形或倒卵状椭圆形，先端钝短尖❷。花直立，淡黄色而边缘有时红色或紫色，具甜浓的芳香，花被6片，肉质，较肥厚，长椭圆形❸❹。聚合果；蓇葖卵圆形或球形，顶端有短尖的喙。

产地分布 原产华南南部各地。现广植于全国各地。

习性繁殖 喜温暖、湿润环境，忌水涝；喜肥沃、疏松和排水良好的壤土。播种、压条、扦插或嫁接繁殖。

园林用途 树形优美，花香浓郁。宜作园景树、行道树或庭院观赏。

小贴士：

含笑花的花开而不放、似笑而不语。花语是含蓄和矜持。

石碌含笑

Michelia shiluensis Chun & Y. F. Wu

木兰科含笑属

花期3～5月，果期6～8月

识别特征 常绿乔木，高达18米❶。树皮灰色。顶芽狭椭圆形，被橙黄色或灰色有光泽的柔毛❷。小枝、叶、叶柄均无毛。叶革质，稍坚硬，倒卵状长圆形，先端圆钝，具短尖，基部楔形或宽楔形❸。花白色，花被片9枚，3轮，倒卵形；花丝红色❹。聚合果，顶端具短喙；种子宽椭圆形。

产地分布 特产于海南（昌江、东方、保亭），云南、广西和广东等地有引种栽培。

习性繁殖 喜高温、高湿和阳光充足环境，忌水涝；喜肥沃、疏松和排水良好的壤土。播种、压条或嫁接繁殖。

园林用途 树冠宽广优美，枝繁叶茂，花芳香美丽。宜作行道树、园景树或庭院观赏。

二乔木兰 二乔玉兰、朱砂玉兰

Yulania soulangeana (Soul.-Bod.) D. L. Fu

木兰科玉兰属

花期2～3月，果期9～10月

识别特征 落叶小乔木，高达10米❶。叶纸质，倒卵形，先端短急尖❷。花蕾卵圆形，花先叶开放，浅红色至深红色❸。聚合果，蓇葖卵圆形或倒卵圆形，熟时黑色，具白色皮孔；种子深褐色，侧扁。同属种有玉兰*Y. denudata*，乔木，花被片纯白色，有时基部外面带红色；花凋谢后出叶❹。

产地分布 我国各地均有栽培。海口金牛岭公园等地有栽种。适宜种植在海南中部地区。

习性繁殖 喜阳光、温暖、湿润的气候，忌水涝，对低温有一定的抵抗力。压条、扦插或嫁接繁殖。

园林用途 树形优美，花色绚丽多彩。宜作行道树、园景树或庭院观赏。

小贴士：

二乔木兰为玉兰与紫玉兰*Y. liliiflora*的杂交种。

番荔枝 林檎、洋波罗、释迦

Annona squamosa L.

番荔枝科番荔枝属

花期5～6月，果期6～11月

识别特征 落叶小乔木，高达5米❶。叶薄纸质，排成两列，椭圆状披针形，或长圆形，顶端急尖或钝，基部阔楔形或圆形，叶背苍白绿色，初时被微毛，后变无毛❷。花单生或2～4朵聚生于枝顶或与叶对生，青黄色，下垂；外轮花瓣狭而厚，肉质，镊合状排列；内轮花瓣极小❸。聚合浆果圆球状或心状圆锥形，黄绿色❹。

产地分布 原产热带美洲。现全球热带地区有栽培，我国海南、浙江、台湾、福建、广东、广西和云南等地均有栽培。

习性繁殖 喜光；喜温暖、湿润环境，不耐寒。播种或嫁接繁殖。

园林用途 树形优美，花果奇特。宜作行道树、园景树或庭院观赏。

小贴士：

外形酷似荔枝，故名"番荔枝"，为热带地区著名水果。

刺果番荔枝 红毛榴莲

Annona muricata L.

番荔枝科番荔枝属

花期4～7月，果期7月至翌年3月

识别特征 常绿乔木，高达8米❶。叶纸质，具明显刺激性气味；倒卵状长圆形至椭圆形，顶端急尖或钝，基部宽楔形或圆形，叶面翠绿色而有光泽❷。花蕾卵圆形；花淡黄色，外轮花瓣厚，阔三角形，镊合状排列，内轮花瓣稍薄❸。果卵圆状，深绿色❹，幼时有下弯的刺，刺随后逐渐脱落而残存有小突体，果肉微酸多汁，白色；种子多颗，肾形。

产地分布 原产热带美洲。现亚洲热带地区有栽培，我国海南、台湾、广东、广西、福建和云南等地均有栽培。

习性繁殖 喜光照充足、温暖、适当降水的环境，耐阴；不耐霜冻和阴冷天气。播种或嫁接繁殖。

园林用途 枝叶茂密，果实硕大而有酸甜味，可食。宜作园景树或庭院观赏。

番荔枝科

鹰爪花　五爪兰、鹰爪兰、鸡爪兰

Artabotrys hexapetalus (L. f.) Bhandari

番荔枝科鹰爪花属

花期5～8月，果期5～12月

识别特征　常绿攀援灌木，高达4米❶。叶纸质，长圆形或阔披针形，顶端渐尖或急尖，基部楔形，叶面无毛，叶背沿中脉上被疏柔毛或无毛❷。花1～2朵，淡绿色或淡黄色，芳香；萼片绿色，卵形；花瓣长圆状披针形❸。果卵圆状，顶端尖，数个群集于果托上❹。

产地分布　产于长江以南各地。亚洲热带其他地区也有分布。

习性繁殖　喜光，也耐阴；喜温暖湿润环境和疏松肥沃、排水良好的土壤。播种、压条或扦插繁殖。

园林用途　树形优美，耐修剪；花极香，花果形态奇特。宜作庭院观赏或垂直绿化。

依兰 加拿楷、依兰香、香水树

Cananga odorata (Lamk.) Hook. f. et Thoms.

番荔枝科依兰属

花期4～8月，果期12月至翌年3月

识别特征 常绿大乔木，高达20米❶。叶大，膜质至薄纸质，卵状长圆形或长椭圆形，顶端渐尖至急尖，基部圆形，叶面无毛，叶背仅在脉上被疏短柔毛❷。花序单生于叶腋内或叶腋外，有花2～5朵；花大，黄绿色，芳香，倒垂；萼片外反，绿色❸。成熟的果近圆球状或卵状，黑色❹。

产地分布 原产亚洲东南部地区。我国西南、华南等地有栽培。

习性繁殖 喜光；喜温暖、湿润环境，不耐寒。播种繁殖。

园林用途 树形漂亮，树干通直，枝叶美观，花香浓郁。宜作行道树、园景树或庭荫树。

小贴士：

世界上最名贵的天然高级香料，被誉为"世界香花冠军"。

番荔枝科

假鹰爪 酒饼叶、酒饼藤

Desmos chinensis Lour.

番荔枝科假鹰爪属

花期4～6月，果期6月至翌年3月

识别特征 常绿直立或攀援灌木，高达2米❶。叶薄纸质或膜质，长圆形或椭圆形，少数为阔卵形，顶端钝或急尖，基部圆形或稍偏斜❷。花黄白色，单朵与叶对生或互生；外轮花瓣比内轮花瓣大，长圆形或长圆状披针形❸。果有柄，念珠状❹；种子球状。

产地分布 产于海南、广西、云南、广东和贵州等地，东南亚各国也有分布。

习性繁殖 喜光照充足，稍耐阴；喜温暖至高温、高湿环境，不耐寒，喜疏松且排水良好、富含腐殖质的壤土。播种或扦插繁殖。

园林用途 树形美观，花果俱佳，花香浓。宜作庭院观赏、绿篱或垂直绿化。

番荔枝科

垂枝暗罗 长叶暗罗、印度塔树

Polyalthia longifolia (Sonn.) Thwaites

番荔枝科暗罗属

花期3月

识别特征 常绿小乔木，高达8米❶。树冠呈锥形或塔状。主干高耸挺直，侧枝纤细下垂；叶互生，下垂，狭披针形，叶缘具波状❷。花腋生或与叶对生，黄绿色，味清香❸。聚合浆果。同属种有暗罗（老人皮）*P. suberosa*，树皮有极明显的深纵裂；花淡黄色；果近圆球状，成熟时红色❹。

产地分布 原产印度、巴基斯坦、斯里兰卡等地。我国海南、广东、云南、广西、福建等地有引种栽培。

习性繁殖 喜高温，耐旱，以富含有机质的砂质壤土为佳。播种繁殖。

园林用途 树姿飒爽，树冠优雅，枝叶茂密，四季青翠，叶面油亮，柔软并下垂，呈锥形或塔状。宜作行道树、园景树或庭院观赏。

小贴士：

叶片下垂叶缘波状，形似鸡爪，故名"垂枝暗罗"；树型细尖笔直，酷似佛教中的尖塔，故又称"印度塔树"，为佛寺用树。

番荔枝科

大花紫玉盘 山椒子
Uvaria grandiflora Roxb.

番荔枝科紫玉盘属

花期3~11月，果期5~12月

识别特征 常绿攀援灌木，长约3米。全株密被黄褐色星状柔毛至绒毛。叶纸质或近革质，长圆状倒卵形，顶端急尖或短渐尖，基部浅心形❷。花单朵，与叶对生，紫红色或深红色，直径达9厘米；花瓣卵圆形或长圆状卵圆形❶。果长圆柱状，熟时橙黄色❸；种子卵圆形，扁平。同属种有紫玉盘*U. macrophylla*，花1~2朵与叶对生，花小，直径2.5~3.5厘米❹。

产地分布 产于海南、广东、广西，南亚及东南亚等国也有分布。

习性繁殖 喜光；喜温暖、湿润环境，不耐寒。播种繁殖。

园林用途 花大色艳，有香味；果似香蕉，可食用。宜作庭院观赏或垂直绿化。

阴香 桂树、山肉桂、山玉桂

Cinnamomum burmanni (Nees et T.Nees) Blume

樟科樟属

花期1～4月，果期11月至翌年2月

识别特征 常绿乔木，高达14米❶。树皮光滑，灰褐色至黑褐色，内皮红色，味似肉桂。叶互生或近对生，稀对生，卵圆形、长圆形至披针形，革质，基生三出脉❷。圆锥花序腋生或近顶生，绿白色❸。果卵球形，果托具齿裂，齿顶端截平❹。

产地分布 产于海南、广东、广西、云南及福建等地，亚洲热带也有分布。我国华南各地广为栽培。

习性繁殖 喜光，稍耐阴；喜暖热、湿润环境及肥沃湿润土壤，喜排水良好。播种繁殖。

园林用途 树冠伞形或近圆球形，树姿优美整齐，叶色亮绿。宜作行道树、园景树、庭荫树或庭院观赏。

樟科

香樟 樟、樟树、油樟、樟木
Cinnamomum camphora (L.) Presl
樟科樟属

花期1～4月，果期8～11月

识别特征 常绿大乔木，高达30米❶。枝、叶及木材均有樟脑气味；树皮黄褐色，有不规则的纵裂❷。叶互生，卵状椭圆形，先端急尖，基部宽楔形至近圆形，边缘全缘，离基三出脉，具腺点❸。圆锥花序腋生，花绿白或带黄色。果卵球形或近球形，紫黑色❹。

产地分布 产于我国南方及西南各地，越南、朝鲜、日本也有分布。亚热带地区广为栽种。

习性繁殖 喜光，稍耐阴；喜温暖湿润环境，耐寒性不强，适于生长在砂壤土，较耐水湿。播种或扦插繁殖。

园林用途 枝叶茂密，冠大荫浓，树姿雄伟，能吸烟滞尘、涵养水源、固土防沙和美化环境。宜作行道树、园景树或庭荫树。

兰屿肉桂 平安树

Cinnamomum kotoense Kanehira et Sasaki

樟科樟属

花期6～7月，果期8～9月

识别特征 常绿乔木，高达15米❶❷。叶对生或近对生，卵圆形至长圆状卵圆形，先端锐尖，基部圆形，革质，基生三出脉，叶柄红褐色或褐色❸。聚伞花序顶生或腋生。果卵球形❹。相近种有肉桂*C. cassia*，叶长椭圆形至近披针形；圆锥花序腋生或近顶生，花白色。果椭圆形，成熟时黑紫色。

产地分布 产于我国台湾南部（兰屿）。我国华南地区有栽培。

习性繁殖 喜光，亦耐阴；喜温暖、湿润和阳光充足环境，喜疏松肥沃、排水良好、富含有机质的酸性砂壤。播种或扦插繁殖。

园林用途 树形优美，树姿健壮，叶色翠绿。宜作园景树或庭院观赏。

小贴士：

花语是祈求平安、阖家幸福、万事如意。

樟科

潺槁木姜子 潺槁树、油槁树、胶樟

Litsea glutinosa (Lour.) C. B. Rob.

樟科木姜子属

花期5～6月，果期9～10月

识别特征 常绿乔木，高达15米①。叶互生，倒卵形、倒卵状长圆形或椭圆状披针形，先端钝或圆，基部楔形，钝或近圆，革质②。伞形花序生于小枝上部叶腋，单生或几个生于短枝上，花黄白色，芳香③。果球形④。

产地分布 产于海南、广东、广西、福建及云南南部等地，越南、菲律宾、印度也有分布。

习性繁殖 喜暖热、湿润环境，不耐严寒；喜湿润肥沃、土层深厚、酸性至中性的砂壤土或壤土。播种或扦插繁殖。

园林用途 枝繁叶茂，树姿优美。宜作园景树或庭院观赏。

油梨 鳄梨、樟梨、牛油果

Persea americana Mill.

樟科鳄梨属

樟科

花期2～3月，果期8～9月

识别特征 常绿乔木，高达10米❶。树皮灰绿色，纵裂。叶互生，长椭圆形、椭圆形、卵形或倒卵形，先端急尖，革质，上面绿色，下面通常稍苍白色❷。聚伞状圆锥花序腋生，花淡绿带黄色，密被黄褐色短柔毛。花被两面密被黄褐色短柔毛，花被筒倒锥形❸。果大，通常梨形，黄绿色或红棕色，微香❹。

产地分布 原产热带美洲。我国海南、广东、福建、台湾、云南及四川等地有少量栽培；菲律宾和俄罗斯南部、欧洲中部等地亦有栽培。

习性繁殖 喜光；喜温暖、湿润气候，耐干旱，不耐寒。播种或嫁接繁殖。

园林用途 树干通直，枝繁叶茂，果大美丽。宜作园景树或庭院观赏。

小贴士：

果可食用，为一种营养价值很高的水果，含有多种维生素、丰富的脂肪和蛋白质。

睡莲科

荷花 莲、莲花

Nelumbo nucifera Gaertn. Fruct. et Semin. Pl.

睡莲科莲属

花期6~8月，果期8~10月

识别特征 多年水生草本❶。根状茎横生，肥厚。叶圆形，盾状，全缘稍呈波状，上面光滑，具白粉。花美丽，芳香；花瓣红色、粉红色或白色，矩圆状椭圆形至倒卵形，柱头顶生❷❸。坚果椭圆形或卵形，果皮革质，熟时黑褐色；种子（莲子）卵形或椭圆形，种皮红色或白色❹。

产地分布 产于我国南北各省。现世界各地广为栽培。

习性繁殖 喜光，不耐阴；喜湿润、静水的环境。分株或播种繁殖。

园林用途 花大色艳，清香四溢；花茎细长，亭亭玉立。宜作庭院观赏。

小贴士：

佛教"五树六花"之一，象征纯净、纯洁。

红睡莲

Nymphaea alba var. *rubra* Lonnr.

睡莲科睡莲属

花期6～8月，果期8～10月

识别特征 多年水生草本❶❷。叶纸质，近圆形，基部具深弯缺，裂片尖锐，近平行或开展，全缘或波状，叶缘有浅三角形齿牙，两面无毛，有小点；幼叶紫红色，老时上面转为墨绿色，有光泽，下面暗紫红色。花大，玫瑰红色❸。浆果扁平至半球形；种子椭圆形。原变种白睡莲*N. alba*，花芳香，白色❹。

产地分布 原产瑞典，世界各地广为栽培。我国各大城市多有栽培。

习性繁殖 喜光，不耐阴；喜温暖、耐高温，亦耐寒。播种或分株繁殖。

园林用途 花色艳丽，花姿楚楚动人、高贵典雅，为著名的水生花卉，具有较高的观赏价值和丰富的文化内涵。宜作庭院观赏。

睡莲科

齿叶睡莲 齿叶白睡莲
Nymphaea lotus L.
睡莲科睡莲属

花期8～10月，果期9～11月

识别特征 多年水生草本❶。根状茎肥厚，匍匐。叶纸质，卵状圆形，基部具深弯缺，裂片圆钝，近平行，边缘有弯缺三角状锐齿，上面绿色，下面带红色，两面无毛❷。花白色。浆果卵形；种子球形，两端较尖，中部有条纹。变种有柔毛齿叶睡莲var. *pubescens*，叶缘有弯缺三角状锐齿，下面带红色，密生柔毛❸；花白色、红色或粉红色❹。

产地分布 原产印度、缅甸、泰国、菲律宾及非洲北部。我国各地有栽培。

习性繁殖 喜阳光充足，不耐阴；喜温暖，耐高温，亦耐寒；喜水质清洁、水面通风良好的静水及肥沃的黏质土壤。播种或分株繁殖。

园林用途 叶色翠绿，花色洁白，花姿优美，观赏价值高。宜作庭院观赏。

❶

❷

❸

❹

延药睡莲 蓝睡莲、印度蓝睡莲

Nymphaea nouchali N.L. Burmann

睡莲科睡莲属

花果期7～12月

识别特征 多年水生草本。根状茎短，肥厚。叶纸质，基部具弯缺，裂片平行或开展，先端急尖或圆钝，边缘有波状钝齿或近全缘，下面带紫色。花微香；花梗略和叶柄等长；花瓣白色带青紫、鲜蓝色或紫红色，条状矩圆形或披针形。浆果球形；种子具条纹。同属栽培品种有紫睡莲（睡火莲）*Nymphaea* 'Dir. Geo. T. Moore'，花蓝紫色；鲁比睡莲*Nymphaea* 'Ruby'，花紫红色。

产地分布 产于海南、安徽、湖北及广东等地，印度、越南、缅甸、泰国及非洲也有分布。华南各地多有栽培。

习性繁殖 喜阳光、通风良好环境；喜富含有机质的壤土。播种或分株繁殖。

园林用途 花色艳丽，高贵典雅。宜作庭院观赏。

海南地不容 金不换

Stephania hainanensis Lo et Y. Tsoong

防己科千金藤属

花期3～5月，果期4～7月

识别特征 多年生藤本❶。枝、叶含淡黄色或白色液汁；块根膨大❷。叶薄纸质，三角状圆形，边浅波状，或近全缘。雄花序为复伞形聚伞花序，小聚伞花序有花3～5朵；花瓣3枚，橙黄色；雌花序紧密呈头状❸。核果红色，阔倒卵圆形。同属种有小叶地不容*S. succifera*，叶较小；枝、叶均含红色液汁❹。萼片和花瓣均染紫色。

产地分布 特产于海南，现园林中有栽培观赏。

习性繁殖 喜光，耐半阴；喜温暖、多湿环境，耐高温，不耐寒，喜肥沃、疏松和排水良好的砂质壤土。播种繁殖。

园林用途 块根形状奇特，枝繁叶茂；叶形优美，果实艳丽夺目。宜作庭院观赏或垂直绿化。

时钟花 黄时钟花

Turnera ulmifolia L.

时钟花科时钟花属

花期5～10月

识别特征 常绿灌木，高达1米❶。叶互生，长卵形，边缘有锯齿，叶基有1对明显腺体❷。花序近枝顶腋生，花冠金黄色，5瓣，每朵花至午前凋谢❸❹。

产地分布 产于非洲南部和南美洲的热带和亚热带地区。我国华南地区有栽培。

习性繁殖 喜高温、高湿和光照充足环境，栽培以疏松、排水良好的壤土或砂质壤土为佳。

播种或扦插繁殖。

园林用途 花期长，花色艳丽。宜作庭院观赏或绿篱。

小贴士：

花朵形状像时钟上的文字盘，故名"时钟花"。花开花谢非常有规律，早上开晚上闭，甚至它的花几乎同开同谢，奇特无比。有研究表明这是受体内时钟酶的控制。花语是高贵、踏实。

白花菜科

钝叶鱼木 赤果鱼木

Crateva trifoliata (Roxb.) B. S. Sun

白花菜科鱼木属

花期3～5月，果期8～9月

识别特征 落叶灌木或乔木，高达30米❶。小叶幼时质薄，长成时近革质，干后呈淡红褐色，椭圆形或倒卵形，顶端圆急尖或钝急尖；花枝上的小叶略小，长度小于8.5厘米❷。生花小枝干后暗紫色，数花在近顶部腋生或多至12花排成明显的花序；花瓣白色转黄色❸❹。果球形；种子多数，肾形，较小，暗黑褐色。

产地分布 产于海南、广东、广西、云南等地。印度至中南半岛都有分布。

习性繁殖 喜光；喜温暖至高温和湿润气候，耐水湿，不耐干旱。播种或扦插繁殖。

园林用途 树形优美，花姿美丽，盛花时节犹如群蝶纷飞，极为漂亮。宜作行道树、园景树或庭院观赏。

小贴士：

枝干质轻耐用，是古代钓鱼用浮标最好的材料，故名"鱼木"。

醉蝶花 西洋白花菜、凤蝶草、紫龙须

Tarenaya hassleriana (Chodat) Iltis

白花菜科醉蝶花属

花期6～9月，果期7～10月

识别特征 一年生草本，高达1.5米❶。掌状复叶，小叶草质，椭圆状披针形或倒披针形，两面被毛❷。总状花序，密被黏质腺毛；花瓣粉红色❸，少见白色，在芽中时覆瓦状排列，无毛。蒴果圆柱形❹；种子表面近平滑或有小疣状突起，不具假种皮。

产地分布 原产热带美洲。在我国无野生，各大城市常见栽培。

习性繁殖 喜高温，较耐暑热，忌寒冷；喜湿润土壤。播种或扦插繁殖。

园林用途 花瓣轻盈飘逸，盛开时似蝴蝶飞舞。宜作庭院观赏、花坛或花径。

小贴士：

优良的蜜源植物，花语是神秘。

象腿树 象腿辣木、象脚树

Moringa drouhardii Jum.

辣木科辣木属

花期8～11月，果期翌年1～4月

识别特征 常绿乔木，高达10米❶。树干有汁液，肥厚，基部肥大。叶互生，二回羽状复叶；小叶极小，椭圆形镰刀状。圆锥花序腋生，花黄色❷。果为蒴果❸。同属种有辣木 *M. oleifera*，叶卵圆形；花白色，芳香❹。

产地分布 原产非洲热带。世界热带地区多有栽培，我国南方有栽培。

习性繁殖 喜光；喜高温、高湿环境，不耐涝；喜肥沃、疏松和排水良好的砂质壤土。播种繁殖。

园林用途 树形奇特，树干粗大，形似象腿。宜作园景树或庭院观赏。

小贴士：

辣木被誉为世界上最有营养的树，浑身都是宝，已经有上千年的食用历史，是人类较古老的药食兼用的树种之一。

落地生根 不死鸟、打不死、灯笼花

Bryophyllum pinnatum (L. f.) Oken

景天科落地生根属

花期1～3月

识别特征 多年生草本，高达1.5米❶。茎有分枝，羽状复叶，边缘有圆齿，圆齿底部容易生芽。圆锥花序顶生，花下垂，花萼圆柱形，花冠高脚碟形，淡红色或紫红色❷。蓇葖包在花萼及花冠内；种子小，有条纹。同属种有棒叶落地生根（洋吊钟）*B. delagoense*，叶细长圆棒状，肉质，有灰色和黑色的条纹❸；小花红色❹。

产地分布 原产非洲。我国各地栽培，常逸为野生。

习性繁殖 喜温暖、湿润和阳光充足环境，较耐旱，甚耐寒；适宜生长于排水良好的酸性土壤中。播种、扦插或分株繁殖。

园林用途 叶片肥厚多汁，边缘长出整齐美观的不定芽；叶飞落于地，立即扎根繁育后代，颇有奇趣。宜作庭院观赏。

马齿苋科

大花马齿苋 半支莲、松叶牡丹、太阳花

Portulaca grandiflora Hook.

马齿苋科马齿苋属

花期6～9月，果期8～11月

识别特征 一年生草本，高达30厘米❶。茎紫红色。叶密集枝端，细圆柱形，无毛；叶柄极短或近无柄。花单生或数朵簇生枝端，日开夜闭；花瓣5枚或重瓣，倒卵形，红色、紫色或黄白色；花丝紫色❷。蒴果近椭圆形。同属种有环翅马齿苋*P. umbraticola*，茎细弱，花大、颜色丰富❸❹；蒴果基部有一圈翅。

产地分布 原产热带美洲。我国各地均有栽培。

习性繁殖 喜温暖、湿润和阳光充足环境，耐干旱、耐贫瘠。播种或扦插繁殖。

园林用途 花期长久，色彩丰富，瑰丽悦目。宜作花坛或庭院观赏。

小贴士：

因花朵见阳光而开，无阳光则闭合，故又名"太阳花"。

珊瑚藤 红珊瑚、爱之藤

Antigonon leptopus Hook. et Arn.

蓼科珊瑚藤属

花期3～12月，果期冬季

识别特征 多年生攀援藤本，长达10米①。茎自肥厚的块根发出，稍木质，有棱角和卷须，生棕褐色短柔毛。叶互生，有短柄；叶片卵形或卵状三角形，顶端渐尖，基部心形，近全缘，两面都有棕褐色短柔毛②。花序总状，顶生或腋生，花淡红色或白色③④。瘦果卵状三角形，平滑，包于宿存的花被内。

产地分布 原产墨西哥。我国海南、广东、广西等地有栽培，或逸为野生。

习性繁殖 喜高温、湿润且光照充足环境，稍耐寒，也耐旱，喜肥。播种或扦插繁殖。

园林用途 花期极长，花形娇柔；色彩艳丽，繁花满枝，且具微香。宜作庭院观赏、地被植物、垂直绿化或花坛。

红龙草 紫杯苋、大叶红草、巴西莲子草

Alternanthera brasiliana (L.) Kuntze

苋科莲子草属

花期8～9月

识别特征 多年生草本，高达50厘米❶。单叶对生，具长柄，椭圆状披针形，先端渐尖，幼叶暗紫绿色，成熟叶紫红色或暗紫色❷。头状花序顶生或腋生❸，乳白色小球❹。果实不发育。

产地分布 原产巴西。我国各大城市均有栽培。

习性繁殖 喜光；喜高温环境，耐旱；土质以肥沃的壤土或砂质壤土为佳，排水需良好。分株或扦插繁殖。

园林用途 植株生长密集，叶色紫红，图案雅致。宜作庭院观赏、绿篱或花坛。

锦绣苋 五色草、红草、红节节草、红莲子草

Alternanthera bettzickiana (Regel) Nichols.

苋科莲子草属

花期8～9月

识别特征 多年生草本，高达50厘米❶。叶片矩圆形、矩圆倒卵形或匙形，边缘皱波状，绿色或红色，或部分绿色，杂以红色或黄色斑纹。头状花序顶生及腋生，2～5个丛生；花被片卵状矩圆形，白色❷。果实不发育。同科种有血苋（红叶苋）*Iresine herbstii*，叶片宽卵形至近圆形，全缘，紫红色❸❹。

产地分布 原产巴西。我国各大城市均有栽培。

习性繁殖 喜光；喜高温环境，极不耐寒，不耐湿也不耐旱。扦插或分株繁殖。

园林用途 植株矮小，叶色鲜艳，繁殖容易，枝叶茂密，耐修剪。宜作庭院观赏、地被或花坛。

小贴士：

可作为蔬菜直接炒食或涮着吃。

鸡冠花

Celosia cristata L.

苋科青葙属

花果期7～9月

识别特征 一年生草本，高达80厘米❶❷。叶片卵形、卵状披针形或披针形。花多数，极密生，成扁平肉质鸡冠状❸、卷冠状或羽毛状的穗状花序❹，一个大花序下面有数个较小的分枝，圆锥状矩圆形，表面羽毛状；花被片红色、紫色、黄色、橙色或红色黄色相间。

产地分布 原产非洲、美洲热带和印度，广布于世界温暖地区。我国南北各地均有栽培。

习性繁殖 喜光；喜温暖、干燥环境，怕干旱，不耐涝，但对土壤要求不严。播种繁殖。

园林用途 形态奇特，花色鲜艳。宜作庭院观赏或花坛。

小贴士：

花语是真爱永恒。

千日红 百日红、火球花

Gomphrena globosa L.

苋科千日红属

花果期6～9月

识别特征 一年生草本，高达60厘米❶❷。叶片纸质，长椭圆形或矩圆状倒卵形，顶端急尖或圆钝，基部渐狭，边缘波状❸。花多数，密生，成顶生球形或矩圆形头状花序，常紫红色，有时淡紫色或白色❹。胞果近球形；种子肾形，棕色，光亮。

产地分布 原产美洲热带。我国南北各省均有栽培。

习性繁殖 喜阳光；耐干热、耐旱、不耐寒、怕积水；喜疏松肥沃土壤。播种或扦插繁殖。

园林用途 花期长，花色鲜艳。宜作庭院观赏或花坛。

小贴士：
花语是不灭的爱。

酢浆草科

阳桃 五敛子、杨桃

Averrhoa carambola L.

酢浆草科阳桃属

花期4～12月，果期7～12月

识别特征 常绿乔木，高达12米❶。奇数羽状复叶，互生；小叶5～13片，全缘，卵形或椭圆形，顶端渐尖，表面深绿色，背面淡绿色❷。花小，微香，数朵至多朵组成聚伞花序或圆锥花序；花瓣背面淡紫红色，边缘色较淡，有时为粉红色或白色❸。浆果肉质，下垂，有5棱，横切面呈星芒状，淡绿色或蜡黄色❹；种子黑褐色。

产地分布 原产马来西亚、印度尼西亚，现广植于热带各地。我国海南、广东、广西、福建、台湾、云南等地常有栽培。

习性繁殖 喜高温、湿润环境，不耐寒，怕霜害和干旱。播种或嫁接繁殖。

园林用途 树形美观，果形奇特，花色红艳。宜作园景树或庭荫树。

酢浆草科

紫叶酢浆草 三角酢浆草

Oxalis triangularis subsp. *papilionacea* Lour.

酢浆草科酢浆草属

花期4～11月

识别特征 多年生草本，高达20厘米❶。球根花卉，掌状复叶有3片小叶，紫红色❷。伞房花序，花葶直接发自鳞茎；花瓣5枚，花色多样，由粉红色至淡紫色、紫罗兰色等。同属种有红花酢浆草（三叶草）*O. corymbosa*，花浅紫色或红紫色❸❹。

产地分布 原产美洲。我国南方地区有栽培。
习性繁殖 喜光，全日照、半日照或稍阴蔽处均理想，耐寒；栽培以湿润、肥沃和排水良好的砂质壤土为佳。播种或分株繁殖。
园林用途 叶形奇特，花色典雅。宜作庭院观赏。

凤仙花科

凤仙花 指甲花、急性子

Impatiens balsamina L.

凤仙花科凤仙花属

花期7～10月

识别特征 一年生草本，高达1米❶。叶互生，披针形、狭椭圆形或倒披针形，边缘有锐锯齿❷。花单生或2～3朵簇生于叶腋，白色、粉红色或紫色，单瓣或重瓣❸。蒴果宽纺锤形，种子多数，圆球形黑褐色。相近种有水角*Hydrocera triflora*，多年生水生草本；花梗短，粉红色或淡黄色❹；果成熟时紫红色。

产地分布 原产中国、印度。我国南北各地广泛栽培。

习性繁殖 喜光；怕湿，耐热不耐寒；喜向阳的地势和疏松肥沃的土壤。播种繁殖。

园林用途 姿态优美，花色多样、美丽。宜作庭院观赏或花坛。

小贴士：

果成熟时鼓胀成圆形，一触碰即弹出种子，故种子在中药里有"急性子"之称。

新几内亚凤仙花 五彩凤仙花、四季凤仙

Impatiens hawkeri W. Bull

凤仙花科凤仙花属

花期几乎全年

识别特征 多年生草本，高达50厘米❶。肉质茎。叶互生，有时上部轮生，叶片卵状披针形，边缘有细齿；叶脉红色❷。花单生或数朵成伞房花序，花柄长，花瓣桃红色、粉红色、橙红色、紫红白色等❸。同属种有非洲凤仙花（苏丹凤仙花）*I. walleriana* var. *petersiana*，叶卵形，花平布于植丛的顶端❹。

产地分布 原产巴布亚新几内亚。现世界各地广为栽培，我国南方有栽培。

习性繁殖 喜光，忌强光直射，耐半阴；喜温暖、湿润环境，不耐寒。扦插繁殖。

园林用途 花期特长，四季开花，花色丰富，色泽艳丽欢快；株型丰满圆整，叶色叶形独特。宜作庭院观赏、花坛或花镜。

千屈菜科

细叶萼距花 满天星、雪茄花

Cuphea hyssopifolia Kunth

千屈菜科萼距花属

花期全年

识别特征 常绿灌木，高达60厘米❶。茎具黏质柔毛或硬毛。叶对生，长卵形或椭圆形，叶细小，顶端渐尖，基部短尖，中脉在下面凸起，有叶柄❷。花顶生或腋生，花萼延伸为花冠状，高脚蝶状；花紫色、淡紫色、白色❸❹。花后结实似雪茄，形小呈绿色，不明显。

产地分布 原产墨西哥和危地马拉。热带地区广为栽培，我国南方多有栽培。

习性繁殖 喜光，能耐半阴；宜在砂质壤土中生长。播种或扦插繁殖。

园林用途 枝繁叶茂，叶色浓绿，四季常青，且具有光泽；花美丽而周年开花不断。宜作庭院观赏、绿篱或花坛。

毛萼紫薇 大紫薇、皱叶紫薇

Lagerstroemia balansae Koehne

千屈菜科紫薇属

千屈菜科

花期6～9月，果期10～11月

识别特征 落叶灌木至小乔木，高达25米❶。树皮浅黄色，间有绿褐色块状斑纹，光滑；幼枝密被黄褐色星状绒毛，老枝无毛，灰黑色。叶对生，厚纸质或薄革质，矩圆状披针形，叶柄被黄褐色星状毛。圆锥花序顶生，密被黄褐色星状绒毛；萼陀螺状钟形，外面全部密被黄褐色星状绒毛；花瓣淡紫红色❷。蒴果卵形，成熟时黑色。同属种有棱萼紫薇*L. turbinata*，叶片矩圆形，顶端钝形❸；花萼有棱❹。

产地分布 产于海南、广东等地，老挝、泰国、越南也有分布。

习性繁殖 喜光，稍耐阴；喜温暖湿润环境。播种、扦插或嫁接繁殖。

园林用途 花色艳丽，树形优美。宜作行道树、园景树或庭院观赏。

千屈菜科

紫薇 痒痒花、紫金花、小叶紫薇

Lagerstroemia indica L.

千屈菜科紫薇属

花期6～9月，果期9～12月

识别特征 落叶灌木或小乔木，高达7米❶。叶互生或有时对生，纸质，椭圆形、阔矩圆形或倒卵形，顶端短尖或钝形。圆锥花序顶生，花淡红色或紫色❷。蒴果椭圆状球形或阔椭圆形，幼时绿色至黄色，成熟时或干燥时呈紫黑色；种子有翅。栽培种有银薇'Alba'，花银白色❸；红薇'Rubra'，花红色❹。

产地分布 原产亚洲。现广植于热带地区，我国长江流域各地均有分布。

习性繁殖 喜光，稍耐阴；喜暖湿环境，喜肥，尤喜深厚肥沃的砂质壤土。播种、扦插或分株繁殖。

园林用途 花色鲜艳美丽，花期长，寿命长。宜作庭院观赏、绿篱。

小贴士：

花语是沉迷的爱、好运、雄辩、女性。

大花紫薇 大叶紫薇

Lagerstroemia speciosa (L.) Pers.

千屈菜科紫薇属

花期5～7月，果期10～11月

识别特征 落叶大乔木，高达25米❶。树皮灰色，平滑。叶革质，矩圆状椭圆形或卵状椭圆形，稀披针形，甚大，顶端钝形或短尖❷。花淡红色或紫色，顶生圆锥花序，花轴、花梗及花萼外面均被黄褐色糠秕状的密毡毛❸。蒴果球形至倒卵状矩圆形，褐灰色❹；种子多数。

产地分布 产于斯里兰卡、印度、马来西亚、越南及菲律宾。我国海南、广东、广西及福建等地有栽培。

习性繁殖 喜光，稍耐阴；喜温暖、湿润环境，喜生于石灰质土壤。播种繁殖。

园林用途 树冠开展，花大、美丽、长久。宜作行道树、园景树或庭院观赏。

千屈菜科

散沫花　指甲花、指甲叶、指甲木

Lawsonia inermis L.

千屈菜科散沫花属

花期6～10月，果期12月

识别特征　落叶灌木，高达6米❶。叶交互对生，薄革质，椭圆形或椭圆状披针形，顶端短尖❷。花极香，白色或玫瑰红色至朱红色❸；花瓣4枚，略长于萼裂，边缘内卷，有齿。蒴果扁球形❹；种子多数，肥厚，三角状尖塔形。

产地分布　原产东非和东南亚。热带地区广为栽培，我国南方多有栽培。

习性繁殖　喜光，喜高温，对土壤要求不严。扦插或压条繁殖。

园林用途　花期芳香四溢，并同时结果，花、果相衬，甚为美观。宜作庭院观赏或绿篱。

小贴士：

叶可作红色染料；花可提取香油和浸取香膏，用于化妆品；树皮可治黄疸病及精神病。

海桑

Sonneratia caseolaris (L.) Engl.

海桑科海桑属

花期冬季，果期翌年春夏季

识别特征 常绿乔木，高达6米❶。叶形状变异大，阔椭圆形、矩圆形至倒卵形，叶脉基部常红色；叶柄极短。花具短而粗壮的梗；萼筒平滑无棱，内面绿色或黄白色，花瓣条状披针形，暗红色；花丝粉红色或上部白色，下部红色❷。浆果扁球形❸。同属种有海南海桑 *S. × hainanensis*，叶片近圆形，花瓣白色❹。

产地分布 产于海南文昌、琼海、万宁和三亚等地，海南东寨港、广东深圳和珠海有引种；东南亚热带至澳大利亚北部也有分布。

习性繁殖 喜温暖、湿润的环境，耐低温，耐水淹，耐盐碱。播种繁殖。

园林用途 株型秀美，花色艳丽，根系奇特。宜作园景树或滨海绿化。

小贴士：

典型的真红树植物。濒危种。

安石榴科

石榴 安石榴

Punica granatum L.

安石榴科石榴属

花期5～7月，果期9～10月

识别特征 落叶灌木或乔木，高达5米❶。叶通常对生，纸质，矩圆状披针形，顶端短尖、钝尖或微凹；叶柄短❷。花大，1～5朵生枝顶；花瓣通常大，红色、黄色或白色❸。浆果近球形，通常为淡黄褐色或淡黄绿色，有时白色❹；种子多数，红色至乳白色。

产地分布 原产巴尔干半岛至伊朗及其邻近地区。全世界的温带和热带都有种植，海南有栽培或逸生。

习性繁殖 喜光，喜温暖、湿润环境，耐旱、耐寒。扦插或压条繁殖。

园林用途 花大色艳，花期长，果实色泽艳丽。宜作园景树或庭院观赏。

小贴士：

中国传统文化的吉祥物，寓意多子多福。花语是成熟的美丽。

土沉香 白木香、香材、牙香树

Aquilaria sinensis (Lour.) Spreng.

瑞香科沉香属

花期春夏季，果期夏秋季

识别特征 常绿乔木，高达15米❶。叶革质，圆形、椭圆形至长圆形，有时近倒卵形，先端锐尖或急尖而具短尖头，基部宽楔形❷。花芳香，黄绿色，多朵，组成伞形花序❸。蒴果果梗短，卵球形，幼时绿色；种子褐色，卵球形❹。

产地分布 产于海南、广东、广西、福建、云南等地。

习性繁殖 喜光，耐半阴；喜温暖、湿润环境。播种繁殖。

园林用途 树姿优雅健壮，枝叶茂密，开花清香，蒴果美观。宜作园景树或庭荫树。

小贴士：

老茎受伤后所积得的树脂，俗称沉香。

紫茉莉科

三角梅 光叶子花、宝巾、簕杜鹃

Bougainvillea glabra Choisy

紫茉莉科叶子花属

花期全年

识别特征 常绿藤状灌木❶。茎粗壮，枝下垂，无毛或疏生柔毛；刺腋生。叶片纸质，卵形或卵状披针形，顶端急尖或渐尖。花顶生枝端的3个苞片内，花梗与苞片中脉贴生，每个苞片上生一朵花；苞片叶状，紫色或洋红色，长圆形或椭圆形❷。栽培种有银边白花三角梅Alba 'Variegata'，叶缘银白色，花纯白色❸❹。

产地分布 原产巴西。我国南方广为栽植。

习性繁殖 喜温暖、湿润环境，不耐寒，忌水涝。扦插、嫁接或压条繁殖。

园林用途 花苞片大，色彩鲜艳，且持续时间长。宜作庭院观赏、绿篱、垂直绿化或花坛。

小贴士：

海南省省花，海口、三亚、深圳、厦门等地市花。花语是热情、坚韧不拔、顽强奋进。

九重葛 毛叶子花、毛宝巾

Bougainvillea spectabilis Willd.

紫茉莉科叶子花属

花期冬季至翌年春季

识别特征 常绿藤状灌木❶❷。枝、叶密生柔毛；刺腋生、下弯。叶片椭圆形或卵形，基部圆形，有柄。花序腋生或顶生；苞片椭圆状卵形，基部圆形至心形，暗红色或淡紫红色；花被管狭筒形，绿色，密被柔毛，顶端5～6裂，裂片开展，黄色❸。果实密生毛。栽培种有金边宝巾'Lateritia Gold'，叶片边缘有鲜明的金黄色斑块❹。

产地分布 原产热带美洲。世界热带地区普遍栽培，我国南方常有栽培。

习性繁殖 喜光，喜高温、湿润的环境，耐旱，忌积水。扦插繁殖。

园林用途 枝具攀援性，开花美丽持久，观赏价值极高。宜作庭院观赏、绿篱或垂直绿化。

紫茉莉科

紫茉莉 胭脂花、状元花、丁香叶

Mirabilis jalapa L.

紫茉莉科紫茉莉属

花期6～10月，果期8～11月

识别特征 一年生草本，高达1米❶。茎直立，圆柱形，多分枝。叶片卵形或卵状三角形，顶端渐尖，基部截形或心形，全缘❷。花常数朵簇生枝端，花被紫红色、黄色、白色或杂色❸❹，高脚碟状；花午后开放，有香气，次日午前凋萎。瘦果球形，黑色；种子胚乳白粉质。

产地分布 原产热带美洲。我国南北各地常栽培。

习性繁殖 喜温暖、湿润环境，不耐寒，栽培要求土层深厚、疏松肥沃的壤土。播种或扦插繁殖。

园林用途 花期长，花色艳丽，花开繁盛。宜作庭院观赏或绿篱。

小贴士：

花语是贞洁、质朴、玲珑、臆测、猜忌、成熟美、胆小、怯懦。

红花银桦 贝克斯银桦

Grevillea banksii R. Br.

山龙眼科银桦属

花期11月至翌年5月，果期秋季

识别特征 常绿小乔木，高达7米❶。幼枝有毛。叶互生，二回羽状裂叶，小叶线形，光滑，叶背密生白色毛茸❷。穗状花序，顶生，刷状，花色橙红至鲜红色，花冠呈筒状❸。蓇葖果歪卵形，熟果呈褐色。同属种有银桦 *G. robusta*，总状花序，腋生；花橙色或黄褐色❹。

产地分布 原产于澳大利亚昆士兰海滨及附近海岛。我国海南、云南、广东、广西等地有引种。

习性繁殖 喜光；喜温暖、湿润环境；耐干旱贫瘠的土壤，适宜排水性良好、略酸性土壤。可播种繁殖。

园林用途 株型多变，分枝纤细，树冠飘逸；盛花时满树繁花，红艳一片，格外耀眼。宜作行道树、园景树或庭院观赏。

五桠果　第伦桃、印度第伦桃

Dillenia indica L.

五桠果科五桠果属

花期6～8月，果期10月至翌年2月

识别特征　落叶乔木，高达25米❶。叶薄革质，矩圆形或倒卵状矩圆形，先端近于圆形，基部广楔形，不等侧；上下两面初时有柔毛，不久变秃净，仅在背脉上有毛，侧脉25～56对❷。花单生于枝顶叶腋内，花梗粗壮，被毛；花瓣白色，倒卵形❸。果实圆球形，直径10～15厘米❹；种子压扁，边缘有毛。

产地分布　产于云南省南部，东南亚各国也有分布。华南地区有栽培。

习性繁殖　喜高温、湿润和阳光充足环境。播种或压条繁殖。

园林用途　树姿优美，叶色青绿，树冠开展如盖；花大耀眼，果红娇艳。宜作园景树或庭院观赏。

大花五桠果 大花第伦桃

Dillenia turbinata Finet et Gagnep.

五桠果科五桠果属

花期1～5月，果期9～10月

识别特征 常绿乔木，高达30米❶。叶革质，倒卵形或长倒卵形，先端圆形或钝，有时稍尖，基部楔形；侧脉16～27对，边缘有锯齿。总状花序生枝顶，有花3～5朵。花大，有香气；花瓣薄，黄色，有时黄白色或浅红色❷。果实近于圆球形，直径4～5厘米，暗红色❸。同属种有小花五桠果*D. pentagyna*，花序生于无叶老枝上，花瓣黄色花及果实直径小于2厘米，叶片侧脉32～60对或更多❹。

产地分布 产于海南、广东、广西、云南等地，越南也有分布。

习性繁殖 喜高温、湿润和阳光充足环境。播种或压条繁殖。

园林用途 树姿优美，嫩叶红艳，树冠开展如盖；叶形优美，叶脉清晰；花大耀眼，果红娇艳。宜作园景树或庭院观赏。

海桐花科

海桐 海桐花
Pittosporum tobira (Thunb.) Ait.
海桐花科海桐花属

花期3～5月，果期8～10月

识别特征 常绿灌木或小乔木，高达6米❶❷。叶聚生于枝顶，革质，倒卵形或倒卵状披针形，先端圆形或钝❸。伞形花序或伞房状伞形花序顶生或近顶生，密被黄褐色柔毛；花白色，有芳香，后变黄色。蒴果圆球形，有棱或呈三角形；种子多数，红色❹。

产地分布 产于长江以南滨海各省，亦见于日本及朝鲜。世界亚热带地区也多有栽培。

习性繁殖 喜光照充足，稍耐阴；稍耐盐碱，以肥沃、湿润的土壤为佳。播种或扦插繁殖。

园林用途 株型圆整，四季常青；花味芳香，种子红艳。宜作庭院观赏或绿篱。

红木 胭脂木、胭脂树、巴西红木

Bixa orellana L.

红木科红木属

花期8～11月，果期翌年1～3月

红木科

识别特征 常绿灌木或小乔木，高达10米❶。叶心状卵形或三角状卵形，先端渐尖，基部圆形或几截形，边缘全缘❷。圆锥花序顶生，花较大，外面密被红褐色鳞片，粉红色；花瓣5枚❸。蒴果近球形或卵形，密生栗褐色长刺❹；种子多数，倒卵形，暗红色。

产地分布 原产美洲热带。我国海南、广东、广西、云南、台湾等地常有栽培。

习性繁殖 喜光；喜高温、湿润环境，不耐寒。播种繁殖。

园林用途 花色多种，果实红色，十分美丽。宜作园景树或庭院观赏。

小贴士：

热带地区极其有名的染料植物，与龙血树同称为"会流血的树"。

弯子木科

重瓣弯子木

Cochlospermum regium (Mart. & Schrank) Pilg.

弯子木科弯子木属

花期2～4月，果期5～6月

识别特征 落叶乔木，高达10米❶。叶互生，掌状5深裂，基部心形，裂片渐尖，具圆锯齿，叶柄较长❷。圆锥花序顶生，亮黄色；重瓣❸。蒴果倒卵形，5个果瓣；种子弯曲，具白色长绵毛❹。

产地分布 原产墨西哥，中美洲和南美洲也有分布。印度、缅甸等地多有栽培，我国海南、云南、台湾等热带地区有引种。

习性繁殖 喜光；喜温暖、湿润环境。播种或扦插繁殖。

园林用途 树高大，先花后叶，花果奇特、美丽。宜作行道树或园景树。

小贴士：

花似"茶"而非"茶"，果似"棉"而非"棉"，叶子还像木棉，种子弯曲成半圆形，很特别，因此而得名"弯子木"。弯子木有重瓣与单瓣之分，单瓣弯子木C. religiosum，花瓣5枚。

红花天料木 母生、斯里兰卡天料木

Homalium ceylanicum (Gardner) Benth.

大风子科天料木属

花期6月至翌年2月，
果期10~12月

大风子科

识别特征 常绿乔木，高达15米❶。树皮灰色，有槽纹。叶革质，长圆形或椭圆状长圆形，稀倒卵状长圆形，先端短渐尖，基部楔形或宽楔形，边缘全缘或有极疏不明显钝齿❷。总状花序，花外面淡红色，内面白色❸。蒴果倒圆锥形❹。

产地分布 产于海南，云南、广西、湖南、江西、福建等地有栽培。越南、斯里兰卡也有分布。

习性繁殖 喜光；喜温暖、湿润环境；喜肥沃、疏松且排水良好的土壤，在腐殖质丰富的土壤中生长良好。播种或扦插繁殖。

园林用途 枝繁叶茂，树干挺拔，木材优良。宜作行道树、园景树或庭荫树。

鸡蛋果 _{百香果、洋石榴、紫果西番莲}

Passiflora edulis Sims

西番莲科西番莲属

花期6月，果期11月

西番莲科

识别特征 草质藤本，长约6米❶。叶纸质，基部楔形或心形，掌状3深裂，中间裂片卵形，两侧裂片卵状长圆形，裂片边缘有内弯腺尖细锯齿❷。聚伞花序退化仅存1花，花芳香；萼片5枚，外面绿色，内面绿白色；花瓣5枚；外副花冠裂片4～5轮，外2轮裂片丝状，基部淡绿色，中部紫色，顶部白色❸。浆果卵球形，熟时紫色❹；种子卵形。

产地分布 原产美洲。现广植于热带和亚热带地区，我国南方有栽培。

习性繁殖 喜光照充足；喜高温；喜肥沃且排水良好的砂质壤土。播种、扦插、压条或分株繁殖。

园林用途 枝叶翠绿，花大而美丽，果形似鸡蛋。宜作庭园观赏或垂直绿化。

❶

❷

❸

❹

四季海棠 四季秋海棠、蚬肉海棠

Begonia semperflorens Link et Otto

秋海棠科秋海棠属

花期全年

秋海棠科

识别特征 多年生草本，高达30厘米❶❷。茎直立，肉质，多叶。叶卵形或宽卵形，边缘有锯齿和睫毛，两面光亮，绿色。花淡红或带白色，数朵聚生于腋生的总花梗上❸。蒴果绿色，有带红色的翅。同属种有竹节秋海棠 *B. maculata*，节间较长，节膨大且具明显的环状节痕，似竹竿；叶具白色斑点。花鲜红色❹。

产地分布 原产巴西。我国各地常见栽培。

习性繁殖 喜光，稍耐阴；怕寒冷；喜温暖、稍阴湿环境和湿润的土壤。播种、扦插和分株繁殖。

园林用途 姿态秀美，叶色油绿光洁，花朵玲珑娇艳。宜作庭院观赏或花坛。

小贴士：

花语是相思、呵护、诚恳、单恋、苦恋。

番木瓜 万寿果、树冬瓜、番瓜

Carica papaya L.

番木瓜科番木瓜属

花果期几乎全年

番木瓜科

识别特征 常绿大型多年生草本，高达10米❶。茎具螺旋状排列的托叶痕。叶大，聚生于茎顶端，近盾形，通常5～9深裂；叶柄中空。花单性或两性。雄花：圆锥花序，下垂；花冠乳黄色❷。雌花：单生或由数朵排列成伞房花序，腋生，花冠乳黄色或黄白色❸。浆果肉质，成熟时橙黄色或黄色，长圆球形❹；种子成熟时黑色。

产地分布 原产热带美洲。现广植于世界热带地区，我国南方广泛栽培。

习性繁殖 喜高温、多湿的热带气候，不耐寒，忌积水。播种繁殖。

园林用途 株型优美，果挂满树，芳香袭人。宜作园景树或庭院观赏。

金琥 象牙球

Echinocactus grusonii Hildm.

仙人掌科金琥属

花期4～11月

仙人掌科

识别特征 丛生肉质灌木，直径达1米❶❷❸❹。茎圆球形，单生或成丛。球顶密被金黄色绵毛，有棱显著；刺座很大，密生硬刺，刺金黄色，后变褐。花生于球顶部绵毛丛中，钟形，黄色，花筒被尖鳞片。果被鳞片及绵毛；种子黑色。

产地分布 原产墨西哥。现我国大部分地区多有栽培。

习性繁殖 喜温暖、多湿环境，喜干忌涝，喜沙忌黏，喜碱忌酸，畏寒。播种、嫁接或扦插繁殖。

园林用途 球体浑圆，端庄碧绿；刺色金黄，刚硬有力，阳光照耀下熠熠生辉。宜作庭院观赏或花坛。

仙人掌科

量天尺 火龙果、霸王鞭

Hylocereus undatus (Haw.) Britt. et Rose

仙人掌科量天尺属

花果期7~12月

识别特征 攀援肉质灌木❶。具气根，多分枝，具三角或棱，棱常翅状，边缘波状或圆齿状，深绿色至淡蓝绿色❷。花漏斗状，于夜间开放，芳香，萼状花被片黄绿色，瓣状花被片白色；花丝和花柱黄白色❸。浆果红色，果肉白色❹。

产地分布 产于中美洲至南美洲北部。世界各地广泛栽培，我国华南地区逸为野生。

习性繁殖 喜半阴；喜温暖、湿润环境，不耐寒；喜含腐殖质较多的肥沃壤土。扦插繁殖。

园林用途 株型开展，花大且美。宜作庭院观赏或垂直绿化。

小贴士：

花可作蔬菜，浆果可食。火龙果'Foo-Lon'为其栽培品种。

仙人掌 霸王树、观音刺

Opuntia dillenii (Ker Gawl.) Haw.

仙人掌科仙人掌属

花果期6～12月

仙人掌科

识别特征 丛生肉质灌木，高达3米❶。上部分枝宽倒卵形、倒卵状椭圆形或近圆形，先端圆形，边缘通常不规则波状；刺黄色，有淡褐色横纹，粗钻形。叶钻形，绿色，早落。花辐状，黄色❷。浆果倒卵球形，紫红色；种子扁圆形，淡黄褐色❸。同属种有胭脂掌 *O. cochinellifera*，通常无刺，直立灌木；花被片直立，红色；雄蕊直立❹。

产地分布 原产中美洲。我国南方各地广泛栽培。

习性繁殖 喜强烈光照；喜高温，耐炎热，耐干旱，耐瘠薄，忌涝。播种、分株或扦插繁殖。

园林用途 形态奇特，观赏价值很高。宜作庭院观赏、绿篱或花坛。

小贴士:

浆果酸甜可食。花语是坚强。

木麒麟 叶仙人掌、虎刺

Pereskia aculeata Mill.

仙人掌科木麒麟属

花期9～10月，果期冬季

仙人掌科

识别特征 攀援灌木，高达10米❶。叶片卵形、宽椭圆形至椭圆状披针形，先端急尖至短渐尖，边缘全缘，稍肉质，无毛❷。花于分枝上部组成总状或圆锥状花序，辐状，芳香，白色，或略带黄色或粉红色❸。浆果淡黄色，倒卵球形或球形❹；种子黑色。

产地分布 原产中美洲、南美洲、西印度群岛。我国长江以南地区栽培。

习性繁殖 耐半阴；喜温暖、潮湿环境，耐高温。播种或扦插繁殖。

园林用途 枝叶繁茂，盛花期极其美丽，每一枝条宛若一条洁白的花带。宜作庭院观赏或垂直绿化。

小贴士：

仙人掌科中唯一具上位子房的种，也是最为原始的种类。木麒麟被作为其他仙人掌种类的砧木而出名。

山茶 茶花、红花茶

Camellia japonica L.

山茶科山茶属

花期1~4月，果期9~10月

识别特征 常绿灌木或小乔木，高达9米❶。叶革质，椭圆形，叶缘有细锯齿❷。花顶生，红色；苞片及萼片组成杯状苞被，外面有绢毛❸。蒴果圆球形。同属种有杜鹃红山茶 *C. azalea*，叶倒卵形、长倒卵形及倒心状披针形；叶全缘❹。

产地分布 产于中国、日本等地。我国中部及南方各地多有栽培。

习性繁殖 喜光；喜温暖、湿润环境；喜微酸性且排水良好的黄壤土。播种、扦插和嫁接繁殖。

园林用途 花色艳丽多彩，花形秀美多样，花姿优雅多态。宜作庭院观赏、绿篱。

小贴士：

花语是理想的爱、谦让。

山茶科

坡垒 海南柯比木

Hopea hainanensis Merr. et Chun

龙脑香科坡垒属

龙脑香科

花期6～7月，果期11～12月

识别特征 常绿乔木，高达20米❶。具白色芳香树脂，树皮灰白色或褐色，具白色皮孔❷。叶近革质，长圆形至长圆状卵形❸。圆锥花序腋生或顶生，花偏生于花序分枝的一侧，花萼覆瓦状排列。果实卵圆形，具尖头，被蜡质增大的2枚花萼片为长圆形或倒披针形❹。

产地分布 产于海南，越南北部有分布。我国华南地区有栽培。

习性繁殖 喜光照充足；喜炎热、静风、潮湿环境。播种繁殖。

园林用途 树形美观，四季常绿，果形奇特。宜作行道树或园景树。

小贴士：

国家一级重点保护野生植物，濒危物种，热带雨林的指示植物。

青梅 青皮、海梅、青相

Vatica mangachapoi Blanco

龙脑香科青梅属

花期5～6月，果期8～9月

龙脑香科

识别特征 常绿乔木，高达20米❶。具白色芳香树脂，小枝被星状绒毛。叶革质，全缘，长圆形至长圆状披针形；叶柄密被灰黄色短绒毛❷。圆锥花序顶生或腋生，被银灰色的星状毛或鳞片状毛；花瓣白色，有时为淡黄色或淡红色，芳香❸。果实球形；增大的花萼片其中2枚较长❹。

产地分布 产于海南，越南、泰国、菲律宾、印度尼西亚等有分布。我国华南地区有栽培。

习性繁殖 喜温暖、湿润和光照充足环境；喜排水良好砂质壤土。播种繁殖。

园林用途 树形优美，叶色翠绿，花香馥郁。宜作行道树、园景树或庭院观赏。

小贴士：

国家二级重点保护野生植物，濒危物种，热带雨林的指示植物。

美花红千层 红瓶刷子树

Callistemon citrinus (Curtis) Skeels

桃金娘科红千层属

花期4～8月

桃金娘科

识别特征 常绿小乔木，高达5米❶。叶片坚革质，线形，先端尖锐，油腺点明显；叶柄极短❷。穗状花序生于枝顶；萼管略被毛，萼齿半圆形，近膜质；花瓣绿色，卵形，有油腺点；雄蕊鲜红色，花药暗紫色，椭圆形❸。蒴果半球形❹；种子条状。

产地分布 原产澳大利亚。我国海南、广东及广西等地有栽培。

习性繁殖 喜暖热气候，能耐烈日酷暑，不很耐寒、不耐阴；喜肥沃潮湿的酸性土壤。播种或扦插繁殖。

园林用途 树姿优美，花形奇特，适应性强。宜作行道树、园景树或庭院观赏。

垂枝红千层 串钱柳

Callistemon viminalis G.Don ex Loudon

桃金娘科红千层属

花期4～9月

桃金娘科

识别特征 常绿灌木或小乔木，高达10米❶。主干易分歧，树冠伞形或圆形。枝条细长，下垂；叶互生，披针形或狭线性，叶色灰绿至浓绿。花顶生，圆柱形穗状花序❷❸。蒴果半球形，灰褐色❹。

产地分布 原产大洋洲。我国华南地区常见栽培。

习性繁殖 喜温暖、湿润环境，能耐烈日酷暑，较耐寒；喜肥沃、酸性或弱碱土壤。播种、扦插或压条繁殖。

园林用途 树冠伞形，细枝倒垂如柳，花形奇特。宜作行道树、园景树或庭院观赏。

柠檬桉

Eucalyptus citriodora Hook. f.

桃金娘科桉属

花期4～9月，果期夏季至冬季

桃金娘科

识别特征 常绿乔木，高达28米❶。树干挺直，树皮光滑，灰白色❷。叶片狭披针形，稍弯曲，两面有黑腺点，揉之有浓厚的柠檬气味。圆锥花序腋生，花蕾长倒卵形❸。蒴果壶形，果瓣藏于萼管内❹。

产地分布 原产澳大利亚东部及东北部无霜冻的海岸地带。现在我国海南、广东、广西及福建等地有栽种。

习性繁殖 喜温暖、湿润环境，耐干旱、不耐寒，对土壤要求不严；抗风性强，抗大气污染。播种、扦插或组织培养繁殖。

园林用途 树干通直，高耸挺拔。宜作行道树、园景树或庭荫树。

窿缘桉 小叶桉

Eucalyptus exserta F. V. Muell.

桃金娘科桉属

花期5～9月

桃金娘科

识别特征 常绿乔木，高达18米❶❷。树皮宿存，粗糙，有纵沟，灰褐色❸。幼态叶对生，叶片狭窄披针形；成熟叶片狭披针形，两面多微小黑腺点❹。伞形花序腋生，总梗圆形。蒴果近球形。

产地分布 原产澳大利亚东部。我国华南各地广泛栽种。

习性繁殖 喜温暖、湿润环境，耐干旱，不耐寒，在土层深厚、疏松和排水良好的酸性土壤生长良好。播种或扦插繁殖。

园林用途 茎干挺直，抗大气污染。宜作行道树、园景树或庭荫树。

红果仔 巴西红果、番樱桃

Eugenia uniflora L.

桃金娘科番樱桃属

花期春季，果期9～10月

桃金娘科

识别特征 常绿灌木或小乔木，高达5米❶。叶片纸质，卵形至卵状披针形，先端渐尖或短尖，钝头，基部圆形或微心形，上面绿色发亮，下面颜色较浅，有无数透明腺点❷。花白色，稍芳香，单生或数朵聚生于叶腋，短于叶❸。浆果球形，有8棱，熟时深红色❹。

产地分布 原产巴西。我国海南、福建、四川、台湾及云南等地有少量栽培。

习性繁殖 喜光，耐半阴；喜温暖、湿润环境，不耐干旱，也不耐寒。播种繁殖。

园林用途 结实时红果累累，晶莹可爱，极为美观。宜作庭院观赏。

黄金香柳 千层金

Melaleuca bracteata 'Golden Revolution'

桃金娘科白千层属

花期3～8月

桃金娘科

识别特征 常绿灌木或小乔木，高达15米❶❷❸。枝条密集，柔软细长；新枝层层向上扩展，侧枝横展至下垂；嫩枝红色，老枝变灰。叶对生，窄卵形至卵形，先端急尖，四季黄色❹。花白色，被毛。果近球形。

产地分布 原产澳大利亚、新西兰等地。现我国南方大部分地区栽培。

习性繁殖 喜光，耐低温；抗旱又抗涝，抗盐碱，土质适应范围广。扦插或压条繁殖。

园林用途 树形优美，枝条柔软密集，随风飘逸，四季金黄。宜作园景树或庭院观赏。

白千层 脱皮树、千层皮

Melaleuca leucadendron L.

桃金娘科白千层属

花期一年多次

桃金娘科

识别特征 常绿乔木，高达18米❶。树皮灰白色，厚而松软，呈薄层状剥落❷。叶互生，叶片革质，披针形或狭长圆形，多油腺点，香气浓郁❸。花白色，密集于枝顶成穗状花序❹。蒴果近球形。

产地分布 原产澳大利亚。我国海南、广东、台湾、福建、广西等地均有栽种。

习性繁殖 喜温暖、潮湿和阳光充足环境，适应性强，能耐干旱高温及瘠瘦土壤。播种繁殖。

园林用途 树皮白色，树皮美观，并具芳香。宜作行道树或园景树。

小贴士：

外表形似"千层万层的树皮脱也脱不完"，给人以宽容大度、追求朴素美好的启示。

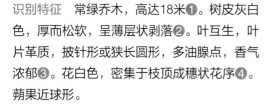

番石榴

Psidium guajava L.

桃金娘科番石榴属

花期4～5月，果期7～8月

识别特征 常绿乔木，高达13米❶。树皮平滑，灰色，片状剥落；嫩枝有棱，被毛。叶片革质，长圆形至椭圆形，先端急尖或钝，基部近于圆形，上面稍粗糙，下面有毛，网脉明显❷。花单生或2～3朵排成聚伞花序；萼管钟形，花瓣白色❸。浆果球形、卵圆形或梨形，果肉白色及黄色，胎座肥大，肉质，淡红色❹；种子多数。

产地分布 原产南美洲。我国华南各地栽培，常见有逸为野生种。

习性繁殖 喜光照充足；喜高温，耐旱亦耐湿；喜排水良好的砂质壤土。播种、扦插、压条或嫁接繁殖。

园林用途 枝叶繁茂，花果期长；果可食用。宜作园景树或庭院观赏。

桃金娘 岗棯

Rhodomyrtus tomentosa (Ait.) Hassk.

桃金娘科桃金娘属

花期4～7月，果期7～10月

桃金娘科

识别特征 常绿灌木，高达2米❶。叶对生，革质，叶片椭圆形或倒卵形，先端圆或钝，下面有灰色茸毛，离基三出脉。花有长梗，常单生，淡紫色或粉红色至白色，花多而密❷❸。浆果卵状壶形，由鲜红色变紫黑色❹。

产地分布 产于我国南部以及亚洲热带其他地区，各地多有栽培。

习性繁殖 喜高温、湿润环境，耐干旱，以酸性土为佳。播种或扦插繁殖。

园林用途 株型紧凑，四季常青；花先白后红，多而密；果可食用。宜作庭院观赏或绿篱。

水翁 水榕、水翁蒲桃

Syzygium nervosum DC.

桃金娘科蒲桃属

花期5～6月，果期7～8月

桃金娘科

识别特征 常绿乔木，高达15米❶。树皮灰褐色，颇厚，树干多分枝。叶片薄革质，长圆形至椭圆形，先端急尖或渐尖，基部阔楔形或略圆❷。圆锥花序生于无叶的老枝上，花无梗❸。浆果阔卵圆形，成熟时紫黑色❹。

产地分布 产于海南、广东、广西、云南和西藏等地，中南半岛、马来西亚、印度尼西亚及大洋洲等也有分布。

习性繁殖 喜光；喜高温、多湿环境，不耐寒，不耐干旱；喜肥沃、湿润和排水良好的壤土。播种或扦插繁殖。

园林用途 亲水植物；树冠开展，树姿优美，叶色浓绿。宜作行道树、园景树或庭院观赏。

乌墨 海南蒲桃、乌楣

Syzygium cumini (L.) Skeels

桃金娘科蒲桃属

花期2～3月，果期6～8月

桃金娘科

识别特征 常绿乔木，高达15米❶。叶片革质，阔椭圆形至狭椭圆形，先端圆或钝，略发亮，两面多细小腺点。圆锥花序腋生或生于花枝上，偶有顶生，花白色，簇生❷。果实卵圆形或壶形，成熟时紫黑色❸❹。

产地分布 产于我国华南等地，亚洲东南部和澳大利亚等地也有分布。

习性繁殖 喜光；喜温暖、湿润环境，耐旱；喜深厚肥沃土壤。播种繁殖。

园林用途 树姿优美，花形美丽，花浓香；挂果期长，果实累累，美丽鲜艳，可食用。宜作行道树、园景树或庭荫树。

莲雾 洋蒲桃

Syzygium samarangense (Bl.) Merr. et Perry

桃金娘科蒲桃属

花期3~5月，果期5~7月

桃金娘科

识别特征 常绿乔木，高达12米❶。叶片薄革质，椭圆形至长圆形，先端钝或稍尖，基部变狭，圆形或微心形，上面干后变黄褐色，下面多细小腺点；叶柄极短❷。聚伞花序顶生或腋生，有花数朵；花白色❸。果实梨形或圆锥形，肉质，洋红色，发亮，顶部凹陷❹。

产地分布 原产印度尼西亚、马来西亚、巴布亚新几内亚及泰国。我国海南、福建、广东、广西、四川、台湾、云南等地常有栽培。

习性繁殖 喜光；喜高温、多湿环境，不耐旱，不耐寒；对土质要求不严。播种或扦插繁殖。

园林用途 树冠开展，四季常绿；花果期长，果色艳美。宜作行道树、园景树或庭荫树。

桃金娘科

红车 红鳞蒲桃

Syzygium hancei Merr. et Perry

桃金娘科蒲桃属

花期7～9月，果期翌年春季

识别特征 常绿灌木或中等乔木，高达5米❶。叶片革质，狭椭圆形至长圆形或为倒卵形，先端钝或略尖，基部阔楔形或较狭窄，有多数细小而下陷的腺点，新叶嫩红鲜艳❷。圆锥花序腋生，多花❸。果实球形。同属种有方枝蒲桃*S. tephrodes*，小枝有4棱；叶片革质，近于无柄，细小；圆锥花序顶生，花白色，有香气❹。

产地分布 产于海南、福建、广东、广西等地。现在华南各地普遍栽培。

习性繁殖 喜光；喜温暖环境；喜湿润、酸性土壤。播种、扦插或压条繁殖。

园林用途 树形美观，嫩叶红色，老叶翠绿。宜作园景树、庭院观赏或绿篱。

蒲桃 水蒲桃

Syzygium jambos (L.) Alston

桃金娘科蒲桃属

花期3～4月，果期5～6月

桃金娘科

识别特征 常绿乔木，高达10米❶。叶片革质，披针形或长圆形，先端长渐尖，基部阔楔形，叶面多透明细小腺点。聚伞花序顶生，有花数朵，花白色，花瓣分离❷。果实球形，果皮肉质，成熟时黄色，有油腺点❸。同属种有肖蒲桃*S. acuminatissimum*，嫩枝圆形或有钝棱；聚伞花序排成圆锥花序，花序轴有棱；浆果球形，成熟时黑紫色❹。

产地分布 产于我国华南各地，南方普遍栽培。

习性繁殖 喜光；耐旱瘠和高温干旱；以肥沃、深厚和湿润的土壤为最佳。播种、扦插、嫁接或压条繁殖。

园林用途 树冠丰满浓郁，花、叶、果均可赏；果可食。宜作园景树、庭荫树或庭院观赏。

金蒲桃 金黄熊猫、金丝蒲桃

Xanthostemon chrysanthus F. Muell. ex Benth

桃金娘科黄蕊木属

花期9月至翌年2月

桃金娘科

识别特征 常绿小乔木，高达5米❶。树皮黑色。叶片革质，聚生于枝顶，假轮生，长圆形或卵状披针形❷。聚伞花序腋生，黄色，花瓣倒卵状圆形❸。蒴果半球形，先端平截，果瓣内藏❹。

产地分布 原产澳大利亚。我国华南地区有栽培。

习性繁殖 喜温暖、湿润和阳光充足环境；喜排水良好的土壤。播种繁殖。

园林用途 叶色亮绿，株型挺拔，花簇生枝顶。宜作行道树、园景树或庭院观赏。

玉蕊 水茄苳

Barringtonia racemosa (L.) Spreng.

玉蕊科玉蕊属

花果期几乎全年

识别特征 常绿乔木，高达20米❶。叶常丛生枝顶，有短柄，纸质，倒卵形至倒卵状椭圆形或倒卵状矩圆形，顶端短尖至渐尖，边缘有圆齿状小锯齿❷。总状花序顶生，下垂；花瓣浅红色，具多数白色或粉红色的花丝❸。果实卵圆形，微具4钝棱；种子卵形。同属种有滨玉蕊*B. asiatica*，叶大；花序直立，花较大；果实外面有腺点❹。

产地分布 产于海南、台湾，广布于非洲、亚洲及大洋洲的热带、亚热带地区。

习性繁殖 喜光；喜高温、高湿环境；耐盐碱，耐旱。播种繁殖。

园林用途 半红树植物。树形美观，姿态优雅，花艳丽且清香。宜作园景树或庭院观赏。

玉蕊科

红花玉蕊

Barringtonia acutangula (L.) Gaertn.

玉蕊科玉蕊属

花期4～8月，果期11月至翌年1月

识别特征 落叶小乔木，高达8米❶。叶集生枝顶，椭圆形至长倒卵形，先端圆，基部长楔形，叶缘具细齿❷。穗状花序生于无叶老枝或枝顶，通常长而俯垂，长达70厘米以上；花瓣4枚，小型，乳白色，雄蕊多数，稍长，花丝深红色，基部与花瓣联合，雌蕊长于雄蕊❸。果近球状，外果皮稍肉质，具4棱角❹。

产地分布 原产东南亚，广布于非洲、亚洲和大洋洲的热带、亚热带地区。我国海南、广东、云南及台湾等地有种植。

习性繁殖 喜光；喜高温、高湿环境；耐盐碱，耐旱。播种繁殖。

园林用途 树姿优美，且具芳香，粉红色的花朵排成一长串，极为美丽。春季叶片变红脱落。宜作园景树或庭院观赏。

巴西野牡丹 蒂牡花

Tibouchina semidecandra Cogn.

野牡丹科蒂牡花属

花期5月至翌年1月

野牡丹科

识别特征 常绿灌木，高达60厘米❶。枝条红褐色，叶对生，长椭圆形至披针形，两面具细茸毛，全缘❷。花顶生，花大型，5瓣，浓紫蓝色，中心的雄蕊白色且上曲❸。相近种有毛菍（毛稔）*Melastoma sanguineum*，大灌木，茎、小枝、叶柄、花梗及花萼均被平展的长粗毛，毛基部膨大❹。

产地分布 原产巴西。我国南方等地有引种栽培。

习性繁殖 喜光照充足；喜高温，较耐旱耐寒，耐修剪。播种或扦插繁殖。

园林用途 枝叶婀娜，花色艳丽。宜作庭院观赏、绿篱或花坛。

红榄李

Lumnitzera littorea (Jack) Voigt

使君子科榄李属

花期5月，果期6～8月

使君子科

识别特征 常绿乔木，高达25米❶。有细长的膝状出水面呼吸根；树皮黑褐色，纵裂。叶互生，常聚生枝顶，叶片肉质而厚，倒卵形或倒披针形，先端钝圆或微凹，基部渐狭成一不明显的柄，叶脉不明显。总状花序顶生，花多数；花瓣5枚，红色，长圆状椭圆形❷。果纺锤形，黑褐色。同属种有榄李*L. racemosa*，灌木，总状花序腋生，白色，芳香❸❹。

产地分布 产于海南陵水、三亚；热带亚洲、波利尼西亚、澳大利亚也有分布。

习性繁殖 喜光；喜高温、多湿环境；耐盐碱。播种繁殖。

园林用途 真红树植物。濒危物种。叶色浓绿，树姿优雅，花红艳丽。宜作滨海绿化。

使君子 舀求子、史君子、四君子

Quisqualis indica L.

使君子科使君子属

花期4~7月，果期7~8月

使君子科

识别特征 落叶攀援状灌木❶。叶对生或近对生，卵形或椭圆形❷。顶生穗状花序，组成伞房花序式；苞片卵形至线状披针形，被毛；花瓣5枚，先端钝圆，初为白色，后转淡红色❸❹。果卵形，短尖，呈青黑色或栗色；种子圆柱状纺锤形。

产地分布 产于四川、贵州至南岭以南各处，印度、缅甸至菲律宾也有分布。我国华南地区多有栽培。

习性繁殖 喜温暖，不耐寒，畏霜冻；宜深厚、湿润、肥沃的土壤。播种、扦插、分株或压条繁殖。

园林用途 枝繁叶茂，花形美丽，花色鲜艳。宜作庭院观赏或垂直绿化。

大叶榄仁 榄仁树、山枇杷树

Terminalia catappa L.

使君子科诃子属

花期3～6月，果期7～9月

使君子科

识别特征 落叶乔木，高达20米❶❷。枝平展，具密而明显的叶痕。叶大，互生，常密集于枝顶，叶片倒卵形，先端钝圆或短尖，全缘。穗状花序长而纤细，腋生，雄花生于上部，两性花生于下部；花多数，绿色或白色❸。果椭圆形，常稍压扁，果皮木质，坚硬，成熟时青黑色❹；种子矩圆形，含油质。

产地分布 产于海南、广东、台湾、云南等地，马来西亚、越南以及印度、大洋洲均有分布。

习性繁殖 喜光；喜温暖、湿润环境，耐湿，抗风。播种或嫁接繁殖。

园林用途 枝条平展，树冠宽大如伞状，遮阴效果甚佳；秋冬落叶时叶色转红，极其美观。宜作行道树、园景树或庭荫树。

小叶榄仁 细叶榄仁

Terminalia neotaliala Capuron

使君子科诃子属

花期9～10月，果期11～12月

使君子科

识别特征 半落叶乔木，高达15米❶。主干通直；树冠塔形。侧枝轮生，呈水平状展开。叶小，全缘，提琴状倒卵形，簇生枝顶。穗状花序，花小，绿色❷。果卵形❸；种子无翅。栽培种有锦叶榄仁（花叶榄仁）'Tricolor'，叶片边缘为淡金黄色，中部浅绿色；新叶呈鲜红色❹。

产地分布 原产马达加斯加。我国华南地区广为栽种。

习性繁殖 喜光，耐半阴；喜高温、湿润环境，深根性，抗风，抗污染。播种或嫁接繁殖。

园林用途 树干挺直，姿态优雅。宜作行道树、园景树或庭荫树。

阿江榄仁 三果木、柳叶榄仁、安心树

Terminalia arjuna (Roxb. ex DC.) Wight & Arn.

使君子科诃子属

花期6～7月，果期8～10月

使君子科

识别特征 落叶乔木，高达20米❶。树皮灰褐色，呈片状剥落，皮孔圆形，有板根；侧枝轮生，呈水平状开展❷。叶互生或在枝端近对生，叶倒卵形，先端圆或有小突尖，叶脉两面明显❸。花序顶生或腋生，穗状花序组成圆锥花序；花小，淡黄色。果卵形，具5翅，熟时黄褐色❹。

产地分布 原产印度。我国海南、广东等地有栽培。

习性繁殖 喜温暖、湿润和光照充足环境，耐寒性好；喜欢疏松湿润肥沃土壤；根系发达，具有较好的抗风性。播种繁殖。

园林用途 叶大姿美，夏季绿树成荫。宜作行道树或园景树。

木榄

Bruguiera gymnorhiza (L.) Sav.

红树科木榄属

花果期几乎全年

红树科

识别特征 常绿乔木或灌木，高达12米❶。树皮灰黑色，有粗糙裂纹。叶椭圆状矩圆形，顶端短尖，基部楔形；托叶淡红色❷。花单生，萼平滑无棱，暗黄红色；花瓣中部以下密被长毛，上部无毛或几无毛，2裂，裂片顶端有2～4条刺毛，裂缝间具刺毛1条；花柱黄色，柱头3～4裂❸。胚轴长15～25厘米，顶端钝❹。

产地分布 产于海南、广东、广西、福建、香港、台湾及其沿海岛屿，非洲东南部、东南亚及澳大利亚等地也有分布。

习性繁殖 喜稍干旱、通风、伸向内陆的盐滩，耐低温。显胎生胚轴繁殖。

园林用途 真红树植物。株型优美，花色艳丽，繁殖奇特。宜作园景树或滨海绿化。

竹节树 鹅肾木、竹球、气管木

Carallia brachiate (Lour.) Merr.

红树科竹节树属

花期8月至翌年2月，果期11月至翌年3月

红树科

识别特征 常绿乔木，高达10米❶。树皮光滑，很少具裂纹，灰褐色。叶形变化很大，矩圆形、椭圆形至倒披针形或近圆形，全缘，稀具锯齿❷。花序腋生，花瓣白色，近圆形❸。果实近球形，红褐色❹。

产地分布 产于海南、广东、广西，东南亚、南亚至大洋洲也有分布。

习性繁殖 喜光，稍耐阴；喜温暖至高温、多湿环境，不耐寒。播种繁殖。

园林用途 枝繁叶茂，叶色终年青翠。宜作园景树。

小贴士：

竹节树木材质硬而重，是良好用材；果可食。

秋茄　秋茄树、水笔仔、茄行树

Kandelia obovata Sheue et al.

红树科秋茄树属

花果期几乎全年

识别特征　常绿灌木或小乔木，高达3米❶。具板根；树皮平滑，红褐色。叶椭圆形、矩圆状椭圆形或近倒卵形，顶端钝形或浑圆，基部阔楔形，全缘，叶脉不明显。二歧聚伞花序腋生，花萼裂片革质，花瓣白色，膜质，短于花萼裂片❷。果实圆锥形；胚轴细长❸❹。

产地分布　产于海南、广东、广西、福建、台湾等地，东亚、南亚及东南亚各国也有分布。

习性繁殖　喜海湾淤泥冲积深厚的泥滩，耐淹，耐寒。显胎生胚轴繁殖。

园林用途　真红树植物。根系奇特，花果美丽。宜作滨海绿化。

红树 鸡笼答、五足驴

Rhizophora apiculata Bl.

红树科红树属

花果期几乎全年

红树科

识别特征 常绿乔木或灌木，高达4米❶❷。树皮黑褐色。叶椭圆形至矩圆状椭圆形，顶端短尖或凸尖，基部阔楔形，中脉下面红色；叶柄粗壮，淡红色。总花梗着生已落叶的叶腋，有花2朵；花萼裂片长三角形；花瓣膜质❸。果实倒梨形，略粗糙；胚轴圆柱形，略弯曲，绿紫色❹。

产地分布 产于海南文昌、琼海、万宁、陵水和三亚等地，东南亚至澳大利亚北部也有分布。

习性繁殖 喜盐分较高的泥滩，不耐寒，也不堪抗风。显胎生胚轴繁殖。

园林用途 真红树植物。树形奇特，繁殖特别。宜作滨海绿化。

红海榄 红海兰、鸡爪榄

Rhizophora stylosa Griff.

红树科红树属

花果期秋冬季

红树科

识别特征 常绿乔木或灌木，高达10米❶。基部有很发达的支柱根。叶椭圆形或矩圆状椭圆形，顶端凸尖或钝短尖，基部阔楔形，中脉和叶柄均绿色❷。总花梗从当年生的叶腋长出，聚伞花序；花具短梗，花萼裂片淡黄色；花瓣比萼短，边缘被白色长毛❸。成熟的果实倒梨形；胚轴长圆柱形❹。

产地分布 产于海南、广东、广西、台湾等地，福建有引种。东南亚及大洋洲北部等地也有分布。

习性繁殖 对环境条件要求不苛刻，沿海盐滩都可以生长，抗风。显胎生胚轴繁殖。

园林用途 真红树植物。根系奇特，适应性广。宜作滨海绿化。

琼崖海棠 红厚壳、海棠木

Calophyllum inophyllum L.

藤黄科红厚壳属

藤黄科

花期3～6月，果期9～11月

识别特征 常绿乔木，高达12米❶。叶片厚革质，宽椭圆形或倒卵状椭圆形，稀长圆形，顶端圆或微缺，基部钝圆或宽楔形，两面具光泽；中脉在上面下陷，下面隆起❷。总状花序或圆锥花序近顶生；花两性，白色，微香；花瓣4枚，倒披针形，花丝黄色❸。果圆球形，成熟时黄色❹。

产地分布 产于海南、台湾，东南亚、大洋洲及马达加斯加等地也有分布。

习性繁殖 喜光；喜温暖、湿润环境，稍耐寒，不耐干旱，耐盐，抗风。播种繁殖。

园林用途 树冠呈圆形，宽阔，枝繁叶茂，绿荫效果极佳，花果亦美。宜作行道树、园景树或庭荫树。

岭南山竹子 海南山竹子

Garcinia oblongifolia Champ. ex Benth.

藤黄科藤黄属

花期4～5月，果期10～12月

藤黄科

识别特征 常绿乔木或灌木，高达15米❶。叶片近革质，长圆形，倒卵状长圆形至倒披针形，顶端急尖或钝，基部楔形❷。花小，单性，异株，单生或成伞形状聚伞花序，花瓣橙黄色或淡黄色，倒卵状长圆形❸。浆果卵球形或圆球形❹。

产地分布 产于海南、广东、广西，越南北部也有分布。

习性繁殖 喜光；喜暖热、湿润环境；对土壤肥力要求不苛刻，喜微酸性至酸性土壤。播种繁殖。

园林用途 树形优美，果可食。宜作行道树、园景树或庭院观赏。

菲岛福木 福木、福树

Garcinia subelliptica Merr.

藤黄科藤黄属

花期6～8月，果期7～10月

藤黄科

识别特征 常绿乔木，高达20米❶。叶片厚革质，卵形，卵状长圆形或椭圆形，稀圆形或披针形，顶端钝、圆形或微凹，基部宽楔形至近圆形❷。花杂性，雄花和雌花通常混合在一起，簇生或单生于落叶腋部，有时雌花成簇生状，雄花成假穗状，花瓣倒卵形，黄色❸。浆果宽长圆形，成熟时黄色❹。

产地分布 产于我国台湾，日本、菲律宾、斯里兰卡、印度尼西亚也有分布。海南等地有栽培。

习性繁殖 喜光照充足；喜高温，耐干旱；喜富含有机质的壤土。播种或压条繁殖。

园林用途 根部巩固，枝叶茂盛。宜作行道树、园景树或庭院观赏。

铁力木 铁梨木

Mesua ferrea L.

藤黄科铁力木属

花期3~5月，果期8~10月

藤黄科

识别特征 常绿乔木，高达30米❶。叶革质，通常下垂，披针形或狭卵状披针形至线状披针形❷。花两性，顶生或腋生，花瓣4枚，白色，倒卵状楔形；雄蕊极多数，分离，金黄色❸。果卵球形或扁球形，干后栗褐色❹。

产地分布 产于海南、广东、广西、云南，亚洲热带南部和东南部也有分布。

习性繁殖 耐阴；喜高温、高湿和光照充足环境。播种繁殖。

园林用途 树冠挺直，四季常绿，枝繁叶茂，花有香气。宜作行道树、园景树或庭荫树。

破布叶

Microcos paniculata L.

椴树科破布叶属

花期6～7月，果期8～10月

椴
树
科

识别特征 常绿灌木或小乔木，高达12米❶。叶薄革质，卵状长圆形，先端渐尖，基部圆形，两面初时有极稀疏星状柔毛，以后变秃净，三出脉的两侧脉从基部发出❷。顶生圆锥花序，花瓣长圆形，淡黄色❸。核果近球形或倒卵形，黑褐色❹。

产地分布 产于海南、广东、广西、云南，中南半岛、印度及印度尼西亚有分布。

习性繁殖 喜温暖、湿润和阳光充足环境；耐干旱，耐瘠薄，不拘土质。播种繁殖。

园林用途 枝繁叶茂，花果美丽。宜作庭荫树或庭院观赏。

小贴士：

叶供药用，味酸，性平无毒，可清热毒，去食积。"王老吉"凉茶中，含有此叶。

文定果 南美假樱桃、文丁果、文冠果

Muntingia colabura L.

椴树科文定果属

花果期几乎全年

椴树科

识别特征 常绿小乔木，高达12米❶。侧枝呈水平开展。单叶互生，长圆状卵形，先端渐尖，基部斜心形，叶缘中上部有疏齿，两面有星状绒毛❷。花两性，单生或成对着生于上部小枝的叶腋花萼合生，深5裂；花瓣白色，具有瓣柄，全缘，花盘杯状❸。浆果圆形，成熟时为红色❹；种子椭圆形，极细小。

产地分布 原产热带美洲。我国海南、台湾、广东等地有栽培。

习性繁殖 喜光；喜温暖、湿润环境，抗风，不耐寒；对土壤要求不严。播种、扦插或压条繁殖。

园林用途 树形开展，果色泽鲜艳，似樱桃，香甜可口，风味独特。宜作行道树、园景树或庭荫树。

杜
英
科

尖叶杜英 长芒杜英、毛果杜英

Elaeocarpus apiculatus Masters

杜英科杜英属

花期8～9月，果期冬季

识别特征 常绿乔木，高达30米❶。叶聚生于枝顶，革质，倒卵状披针形，先端钝，偶有短小尖头，中部以下渐变狭窄，基部窄而钝，全缘，或上半部有小钝齿❷。总状花序生于枝顶叶腋内，花序轴被褐色柔毛；花冠白色，花瓣边缘流苏状，芳香❸。核果椭圆形，有褐色茸毛❹。

产地分布 产于海南、云南南部和广东，中南半岛及马来西亚也有分布。

习性繁殖 喜光，但忌强光；喜高温、多湿环境，不耐干旱和贫瘠，抗风力强。播种或扦插繁殖。

园林用途 树冠圆整，白色花序垂于枝梢，散发阵阵幽香，引人入胜。宜作行道树、园景树或庭荫树。

水石榕 海南杜英

Elaeocarpus hainanensis Oliver

杜英科杜英属

花期6～7月，果期8～9月

杜英科

识别特征 常绿小乔木，高达8米❶。叶革质，狭窄倒披针形，先端尖，基部楔形，幼时上下两面均秃净，老叶上面深绿色，干后发亮，下面浅绿色，边缘密生小钝齿❷。总状花序生当年枝的叶腋内；花较大，花瓣白色，与萼片等长，倒卵形，外侧有柔毛，先端撕裂❸。核果纺锤形，两端尖，内果皮坚骨质❹。

产地分布 产于海南、广西南部及云南东南部，在越南、泰国也有分布。

习性繁殖 喜半阴；喜高温多湿环境，深根性，抗风力较强，不耐寒，不耐干旱；喜湿但不耐积水。播种或扦插繁殖。

园林用途 分枝多而密，树冠圆锥形；花期长，花冠洁白淡雅。宜作园景树或庭荫树。

杜英科

锡兰杜英 锡兰榄、锡兰橄榄、剑叶杜英

Elaeocarpus serratus L.

杜英科杜英属

花期6～9月，果期9～12月

识别特征 常绿乔木，高达20米❶。叶互生，革质，椭圆状披针形，表面浓绿、光滑，先端急尖，基部宽楔形，边缘有疏锯齿❷。总状花序腋生或顶生，花淡黄绿色；花瓣顶端撕裂状❸。核果椭圆形，外形极似橄榄❹。

产地分布 原产印度、斯里兰卡。热带地区广泛栽培，我国海南、广东、福建、云南、台湾等地也有栽培。

习性繁殖 喜光；喜高温、高湿环境；对土质要求不高。播种繁殖。

园林用途 树姿优雅，叶色亮绿，老叶红色；花形美丽，果实似橄榄，十分可爱，可食用。宜作行道树、园景树或庭荫树。

槭叶酒瓶树　澳洲火焰木、槭叶苹婆

Brachychiton acerifolius (A. Cunn. ex G. Don) F.Muell.

梧桐科瓶木属

花期4～8月，果期秋季

梧桐科

识别特征　常绿乔木（原产地落叶），高达20米❶。树干挺直，树皮绿色，树形呈金字塔形或伞形。叶互生，掌状裂叶5～9裂，裂片再呈羽状深裂，先端锐尖，革质❷。圆锥花序，花萼鲜红色，花的形状像小铃钟或小酒瓶❸。蓇葖果，木质❹。

产地分布　原产澳大利亚东部。我国海南、福建、广东、广西及西南地区有引种栽培。海口日月广场、金牛岭公园等地有种植。

习性繁殖　喜温暖、湿润和阳光充足环境，耐旱，耐寒，忌水，对土壤要求不严。播种或嫁接繁殖。

园林用途　树形十分优美，整株成塔形或伞形；叶形优雅，四季葱翠美观；花色艳丽，花量丰富。宜作行道树、园景树或庭荫树。

美丽火桐 美丽梧桐

Firmiana pulcherrima H. H. Hsue

梧桐科梧桐属

花期4~5月

梧桐科

识别特征 落叶乔木，高达18米❶。叶异型，薄纸质，掌状3~5裂或全缘，顶端尾状渐尖，基部截形或浅心形❷。聚伞花序作圆锥花序式排列，密被棕红褐色星状短柔毛❸❹。

产地分布 产于海南琼海、万宁、三亚等地。

海南部分地方有引种栽培。

习性繁殖 喜高温、高湿和光照充足环境；以石灰岩土质生长最好。播种繁殖。

园林用途 树形美观，叶形优美。宜作行道树、园景树和庭院观赏。

银叶树

Heritiera littoralis Aiton

梧桐科银叶树属

花期春季至秋季，果期秋冬季

梧桐科

识别特征 常绿乔木，高达10米❶。具发达的板根。叶革质，矩圆状披针形、椭圆形或卵形，顶端锐尖或钝，基部钝，上面无毛或几无毛，下面密被银白色鳞秕❷。圆锥花序腋生，密被星状毛和鳞秕；花红褐色❸。果木质，坚果状，近椭圆形，光滑，干时黄褐色❹；种子卵形。

产地分布 产于海南、广东、广西及台湾等地，日本、印度、东南亚各地、非洲东部及澳大利亚等地也有分布。

习性繁殖 喜光；喜高温、多湿环境，耐盐碱，不耐寒。播种繁殖。

园林用途 半红树植物。树形美观，枝叶浓密，幼叶嫩红，花叶果俱美。宜作园景树、庭荫树或滨海绿化。

梧桐科

蝴蝶树 蝴蝶木、小叶达里木

Heritiera parvifolia Merr.

梧桐科银叶树属

花期5～6月，果期8～10月

识别特征 常绿乔木，高达30米❶。叶椭圆状披针形，顶端渐尖，基部短尖或近圆形，下面密被银白色或褐色鳞秕❷。圆锥花序腋生，密被锈色星状短柔毛；花小，白色❸。果有长翅，果皮革质❹；种子椭圆形。

产地分布 特产于海南保亭、三亚、乐东、五指山等地。海南部分地方有引种栽培。

习性繁殖 喜高温、高湿环境；喜土壤肥厚的静风环境。播种繁殖。

园林用途 四季常绿，树形优美。宜作园景树或庭荫树。

小贴士：

国家二级重点保护野生植物。

窄叶半枫荷 窄叶翅子树、狭叶翻白叶

Pterospermum lanceaefolium Roxb.

梧桐科翅子树属

花期夏秋季，果期秋季至翌年春季

梧桐科

识别特征 常绿乔木，高达25米❶。树皮黄褐色或灰色，有纵裂纹；小枝幼时被黄褐色茸毛。叶披针形或矩圆状披针形，顶端渐尖或急尖，基部偏斜或钝，全缘或在顶端有数个锯齿❷。花白色，单生于叶腋；花瓣5片，披针形❸。蒴果木质，矩圆状卵形❹。

产地分布 产于海南、广东、广西、云南等地。印度、越南、缅甸也有分布。

习性繁殖 喜光；喜温暖、湿润环境；抗污染性强。播种繁殖。

园林用途 树干通直，树冠广卵形，高大雄伟；叶片两面异色，花芳香。宜作园景树或庭院观赏。

梧桐科

翅苹婆 海南苹婆、海南翅苹婆

Pterygota alata (Roxb.) R. Brown

梧桐科翅苹婆属

果期12月

识别特征 常绿大乔木，高达30米❶。小枝幼时密被金黄色短柔毛。叶大，心形或广卵形，顶端急尖或钝，基部截形、心形或近圆形；托叶钻状❷。圆锥花序生于叶腋，比叶柄短；花稀疏，红色，几无花梗。蓇葖果木质，扁球形❸；种子多数，长圆形，压扁状，顶端有长而阔的翅❹。

产地分布 产于海南、云南，越南、印度、菲律宾等地也有分布。

习性繁殖 喜光，不耐阴；喜温暖、湿润环境，不耐寒。播种或扦插繁殖。

园林用途 树干挺拔，枝繁叶茂，叶大且翠绿，花果美丽。宜作行道树、园景树或庭荫树。

假苹婆 鸡冠木、赛苹婆

Sterculia lanceolata Cav.

梧桐科苹婆属

花期12月至翌年3月，果期4～7月

梧桐科

识别特征 常绿乔木，高达20米❶。叶椭圆形、披针形或椭圆状披针形，长9～20厘米，宽3.5～8厘米❷。圆锥花序腋生，花淡红色❸。蓇葖果鲜红色，顶端有喙，种子黑褐色，直径约1厘米，每荚有种子2～5个❹。

产地分布 原产我国华南和西南，东南亚也有分布。

习性繁殖 喜温暖、湿润环境，不耐阴，不耐寒。播种、扦插或压条繁殖。

园林用途 树干通直，树冠球形，翠绿浓密，果鲜红色。宜作行道树、园景树或庭院观赏。

苹婆 凤眼果、罗望子

Sterculia monosperma Vent.

梧桐科苹婆属

花期4～5月，果期秋季

识别特征 常绿乔木，高达10米❶。树皮褐黑色。叶薄革质，矩圆形或椭圆形，长8～25厘米，宽5～15厘米，顶端急尖或钝❷。圆锥花序顶生或腋生，花萼初时乳白色，后转为淡红色❸。蓇葖果鲜红色，每果内有种子1～4个；种子椭圆形或矩圆形，黑褐色❹。

产地分布 产于海南、广东、广西、福建、云南和台湾等地。印度、越南、印度尼西亚也有分布。

习性繁殖 喜光；喜温暖湿润环境，且耐荫蔽。播种或扦插繁殖。

园林用途 树冠浓密，叶常绿，树形美观，不易落叶。宜作行道树、园景树或庭荫树。

小贴士：

种子可食，煮熟后味如栗子。

可可

Theobroma cacao L.

梧桐科可可属

花期几乎全年，果期秋季至翌年春季

识别特征 常绿乔木，高达12米❶。树皮暗灰褐色，嫩枝褐色，被短柔毛。叶具短柄，卵状长椭圆形至倒卵状长椭圆形，顶端长渐尖，基部圆形、近心形或钝❷。花排成聚伞花序，花萼粉红色，萼片5枚，长披针形；花瓣5片，淡黄色，略比萼长❸。核果椭圆形或长椭圆形，表面有10条纵沟，干燥后为褐色❹；果皮厚，肉质。

产地分布 原产美洲中部及南部。现广泛栽培于全世界的热带地区，我国海南、台湾和云南南部有栽培。

习性繁殖 喜温暖、湿润环境，忌强风侵袭。播种或嫁接繁殖。

园林用途 树冠繁茂，树形开阔，果实艳丽。宜作园景树或庭院观赏。

小贴士：

与咖啡、茶叶并称为世界三大饮料植物。

木棉科

猴面包树 波巴布树、猢狲木

Adansonia digitata L.

木棉科猴面包树属

花期6～7月，果期秋冬季

识别特征 落叶大乔木，高达20米❶。主干短，分枝多。叶集生于枝顶，小叶通常5片，长圆状倒卵形，急尖❷。花生近枝顶叶腋，花梗极长，密被柔毛；花瓣外翻，白色；雄蕊管白色，花丝极多数；花柱远远超出雄蕊管，粗壮❸。果长椭圆形，下垂❹。

产地分布 原产非洲热带。我国海南、福建、广东、云南的热带地区有栽培。海口等地有栽培。

习性繁殖 喜高温、高湿和光照充足环境，极耐旱。播种繁殖。

园林用途 树冠巨大，枝叶苍郁，树形壮观；盛花期极为美丽，花果皆可观赏。宜作园景树或庭荫树。

小贴士：

果实甘甜汁多，每当果实成熟时，猴子便成群结队上树摘果子吃，故名之。

木棉 英雄树、攀枝花

Bombax ceiba L.

木棉科木棉属

花期2～4月，果期夏季

木棉科

识别特征 落叶大乔木，高达25米❶。树皮灰白色，幼树的树干通常有圆锥状的粗刺❷；分枝平展。掌状复叶，长圆形至长圆状披针形，全缘❸。花单生枝顶叶腋，通常红色，有时橙红色❹。蒴果长圆形，种子多数。

产地分布 原产我国华南地区。现热带地区普遍栽培。

习性繁殖 喜温暖、干燥和阳光充足环境，不耐寒，稍耐湿，忌积水；耐旱，抗污染、抗风力强。播种、扦插或嫁接繁殖。

园林用途 花大而美，树姿巍峨。宜作行道树或园景树。

小贴士：

四川攀枝花市是全国唯一以花卉命名的城市。花语是珍惜身边的人、珍惜身边的幸福。

美丽异木棉 美人树、美丽吉贝、南美木棉

Ceiba speciosa (A.St.-Hil.) Ravenna

木棉科吉贝属

花期7月至翌年1月，果期春季

木棉科

识别特征 落叶大乔木，高达15米❶。树干密生圆锥状皮刺、犹如带刺的玫瑰❷。掌状复叶，小叶椭圆形❸。花单生，花冠淡紫红色，中心白色；花瓣5枚，反卷，花丝合生成雄蕊管，包围花柱❹。

产地分布 原产南美洲。热带地区多有栽培，我国南方地区广泛栽培。

习性繁殖 喜光，稍耐阴；喜高温、多湿环境，略耐旱瘠，忌积水，对土质要求不严。播种或嫁接繁殖。

园林用途 树干直立，树冠伞形；叶色青翠，花朵姹紫嫣红。宜作行道树或园景树。

小贴士：

花语是姹紫嫣红、孤傲非凡。

爪哇木棉 吉贝、美洲木棉、青皮木棉

Ceiba pentandra (L.) Gaertn.

木棉科吉贝属

花期1～3月，果期3～4月

木棉科

识别特征 落叶大乔木，高达30米❶。幼枝平伸，树皮绿色，刺较少❷。叶长圆披针形，短渐尖，全缘或近顶端有极疏细齿。花先叶或与叶同时开放，多数簇生于上部叶腋间，花瓣倒卵状长圆形，外面密被白色长柔毛❸。蒴果长圆形❹，种子圆形。

产地分布 原产美洲热带。现广泛引种于亚洲、非洲热带地区，我国华南热带地区有栽培。

习性繁殖 喜阳光充足；喜温暖环境，耐干旱，不耐寒冷。播种繁殖。

园林用途 树体高大，树形优美，花大色艳。宜作行道树或园景树。

发财树 马拉巴栗、瓜栗

Pachira aquatica AuBlume

木棉科瓜栗属

花果期5～11月

木棉科

识别特征 常绿小乔木，高达5米❶。小叶长圆形至倒卵状长圆形，渐尖，基部楔形，全缘❷。花单生枝顶叶腋，花瓣淡黄绿色，狭披针形至线形，下部黄色，向上变红色，花药狭线形，花柱深红色❸。蒴果近梨形，果皮厚，木质，黄褐色❹。

产地分布 原产墨西哥至哥斯达黎加。我国南方有栽培。

习性繁殖 喜高温、多湿和阳光充足环境，怕强光直射，较耐阴，不耐寒；土壤以肥沃、疏松的壤土为好。播种、扦插或压条繁殖。

园林用途 株型美观，叶片青翠。宜作行道树、园景树或庭院观赏。

小贴士：

果皮未熟时可食，种子可炒食。

木芙蓉 芙蓉花、拒霜花

Hibiscus mutabilis L.

锦葵科木槿属

花期8～10月

识别特征 落叶灌木或小乔木，高达5米❶。叶宽卵形至圆卵形或心形，先端渐尖，具钝圆锯齿，下面密被星状细绒毛。花单生于枝端叶腋间，花初开时白色或淡红色，后变深红色，花瓣近圆形❷。蒴果扁球形，种子肾形。变型有重瓣木芙蓉f. *plenus*，花重瓣❸❹。

产地分布 原产我国湖南。除东北、西北外，我国大部分地区有栽培。

习性繁殖 喜温暖、湿润环境，不耐寒，忌干旱，耐水湿。播种、扦插、压条或嫁接繁殖。

园林用途 绿叶成荫，花大色丽，花团锦簇。宜作庭院观赏或绿篱。

小贴士：

其花或白或粉或赤，皎若芙蓉出水，艳似菡萏展瓣，故名"芙蓉花"。花语是纤细之美、贞操、纯洁。

锦葵科

扶桑 朱槿、大红花

Hibiscus rosa-sinensis L.

锦葵科木槿属

花期全年

锦葵科

识别特征 常绿灌木，高达3米❶。叶阔卵形或狭卵形，先端渐尖，边缘具粗齿或缺刻；托叶线形，被毛。花单生于上部叶腋间，常下垂；花冠漏斗形，玫瑰红色或淡红、淡黄等色❷，花瓣倒卵形。蒴果卵形。变种有重瓣扶桑var. *rubro-plenus*，不同处在于花重瓣，有红色、淡红、橙黄等色❸；花叶扶桑（彩叶扶桑）var. *variegata*，叶面具红色、紫色、黄色及白色条纹，花单瓣❹。

产地分布 我国华南、东南、西南等地广泛栽培。

习性繁殖 喜光，不耐阴；喜温暖、湿润环境，不耐寒。扦插或嫁接繁殖。

园林用途 花大色艳，四季常开。宜作庭院观赏或绿篱。

小贴士：

花语是纤细之美、体贴之美、永保清新之美。

吊灯扶桑 灯笼花、吊灯花、拱手花篮

Hibiscus schizopetalus (Masters) Hook. f.

锦葵科木槿属

花期全年

识别特征 常绿灌木，高达3米❶❷。叶椭圆形或长圆形，先端短尖或短渐尖，基部钝或宽楔形，边缘具齿缺❸。花单生于枝端叶腋间，花梗细瘦，下垂，平滑无毛或具纤毛，中部具节；花瓣红色❹。蒴果长圆柱形。

产地分布 原产东非热带。我国海南、台湾、福建、广东、广西和云南等地有栽培。

习性繁殖 喜高温，不耐阴，不耐寒。扦插或嫁接繁殖。

园林用途 耐修剪，花期长，花形美丽。宜作庭院观赏或绿篱。

锦葵科

黄槿

Hibiscus tiliaceus L.

锦葵科木槿属

花期6～8月，果期9～11月

锦葵科

识别特征 常绿灌木或乔木，高达10米❶。叶革质，近圆形或广卵形，先端突尖，有时短渐尖，基部心形，全缘或具不明显细圆齿❷。花序顶生或腋生，常数花排列成聚散花序；花冠钟形，花瓣黄色，内面基部暗紫色，倒卵形，外面密被黄色星状柔毛❸。蒴果卵圆形，木质❹；种子光滑，肾形。

产地分布 产于海南、台湾、广东、福建等省，东南亚等热带国家也有分布。

习性繁殖 喜光；喜高温、高湿环境；耐旱，耐贫瘠，耐盐碱。播种或扦插繁殖。

园林用途 半红树植物。树冠浓密，花大色艳。宜作行道树、园景树、滨海绿化或绿篱。

垂花悬铃花

Malvaviscus penduliflorus DC.

锦葵科悬铃花属

花期5～10月

识别特征　常绿灌木，高达2米❶❷。叶卵状披针形，先端长尖，基部广楔形至近圆形，边缘具钝齿❸。花单生于叶腋，被长柔毛；花红色，下垂，筒状，仅于上部略开展❹。果未见。

产地分布　原产墨西哥和哥伦比亚。我国海南、广东、云南等地引种栽培。

习性繁殖　喜阳光充足，喜高温环境，喜肥沃、疏松的土壤。播种、扦插、嫁接或压条繁殖。

园林用途　枝繁叶茂，花极美丽。宜作庭院观赏或绿篱。

锦葵科

杨叶肖槿 桐棉

Thespesia populnea (L.) Soland. ex Corr.

锦葵科桐棉属

花期几乎全年

锦葵科

识别特征 常绿乔木，高达6米❶。叶卵状心形，先端长尾状，基部心形，全缘，上面无毛，下面被稀疏鳞秕❷。花单生于叶腋间，花梗密被鳞秕；花冠钟形，黄色，内面基部具紫色块❸。蒴果梨形❹；种子三角状卵形。

产地分布 产于海南、台湾、广东及广西等地，东南亚和非洲热带也有分布。

习性繁殖 喜高温、湿润和阳光充足环境；适宜排水良好的中性至微碱性的壤土或砂质土壤中。播种或扦插繁殖。

园林用途 半红树植物。树冠苍翠，花叶俱美。宜作行道树、园景树或滨海绿化。

狗尾红 红穗铁苋菜

Acalypha hispida Burm. f.

大戟科铁苋菜属

花期2~11月

大戟科

识别特征 常绿灌木，高达3米❶。叶纸质，阔卵形或卵形，顶端渐尖或急尖，基部阔楔形、圆钝或微心形，边缘具粗锯齿❷。雌雄异株，雌花序腋生，穗状，下垂，花序轴被柔毛，红色或紫红色❸；雄花序未见。蒴果未见。同属种有猫尾红*A. reptans*，柔荑花序顶生；花序较短且粗大，常常直立❹。

产地分布 原产太平洋岛屿。现热带、亚热带地区广泛栽培。

习性繁殖 喜光；喜高温；喜富含有机质且排水良好的砂质壤土。扦插繁殖。

园林用途 花序下垂，鲜红明艳。宜作庭院观赏或绿篱。

红桑 红叶桑、铁苋菜、血见愁

Acalypha wilkesiana Muell.-Arg.

大戟科铁苋菜属

花期几乎全年

大戟科

识别特征 常绿灌木，高达4米❶。叶纸质，阔卵形，古铜绿色或浅红色，常有不规则的红色或紫色斑块，边缘具粗圆锯齿❷。雌雄同株，通常雌雄花异序，穗状花序，淡紫色❸。蒴果疏生具基的长毛；种子球形。栽培种有洒金红桑'Java While'，叶绿色，有白色和黄色斑❹。

产地分布 原产太平洋岛屿。现热带、亚热带地区广泛栽培。

习性繁殖 喜高温、多湿环境，抗寒力低；要求疏松、排水良好的土壤。播种或扦插繁殖。

园林用途 叶色多样、艳丽。宜作庭院观赏、绿篱或花坛。

石栗

Aleurites moluccana (L.) Willd.

大戟科石栗属

花期4～10月

识别特征 常绿乔木，高达18米❶。叶纸质，卵形至椭圆状披针形（萌生枝上的叶有时圆肾形，具3～5浅裂），顶端短尖至渐尖，基部阔楔形或钝圆❷。花雌雄同株，同序或异序；花瓣长圆形，乳白色至乳黄色❸。核果近球形或稍偏斜的圆球状❹；种子圆球状。

产地分布 产于海南、福建、台湾、广东、广西、云南等地，分布于亚洲热带、亚热带地区。

习性繁殖 喜光；耐旱、怕涝，对土壤要求不太严。播种或扦插繁殖。

园林用途 树干挺直，树冠浓密。宜作行道树、园景树或庭荫树。

大戟科

五月茶 污槽树

Antidesma bunius (L.) Spreng.

大戟科五月茶属

花期3～5月，果期6～11月

大戟科

识别特征 常绿乔木，高达10米❶。叶片纸质，长椭圆形、倒卵形或长倒卵形❷。单性花，雌雄同株，雄花序为顶生的穗状花序；雌花序为顶生的总状花序。核果近球形或椭圆形，成熟时红色❸。同属种有方叶五月茶 *A. ghaesembilla*，叶片较圆，方圆形，且小❹。

产地分布 产于我国华南、西南等部分省区，广布于亚洲热带地区直至澳大利亚。

习性繁殖 喜光照充足，喜高温，喜富含石灰质且排水良好壤土。播种或扦插繁殖。

园林用途 叶色深绿，果实成串，果色红艳。宜作行道树、园景树或庭院观赏。

秋枫 茄冬、常绿重阳木

Bischofia javanica Bl.

大戟科秋枫属

花期4～5月，果期8～10月

识别特征 常绿或半常绿大乔木，高达40米❶。树皮灰褐色至棕褐色。三出复叶，稀5小叶；小叶片纸质，卵形、椭圆形、倒卵形或椭圆状卵形，基部宽楔形或钝，边缘有浅锯齿，较疏❷。花小，雌雄异株，多朵组成腋生的圆锥花序❸。果实浆果状，圆球形或近圆球形，淡褐色❹。

产地分布 产于我国长江以南各地，印度、东南亚至澳大利亚也有分布。

习性繁殖 喜阳，稍耐阴；喜温暖，耐寒力较差。播种繁殖。

园林用途 树叶繁茂，树冠圆盖形，树姿壮观。宜作行道树或庭荫树。

小贴士 同属相近种有重阳木 *B. polycarpa*，落叶乔木，叶缘锯齿较密；总状花序。海南无分布，易与秋枫混淆。

大戟科

变叶木

Codiaeum variegatum (L.) A. Juss.

大戟科变叶木属

花期9～10月

大戟科

识别特征 常绿灌木或小乔木,高达2米❶❷。叶薄革质,形状大小变异很大,线形、长圆形、披针形、匙形、提琴形等。叶色多样,或有时散生各色斑点或斑纹❸。总状花序腋生,雌雄同株异序,雄花白色;雌花淡黄色❹。蒴果近球形。

产地分布 原产亚洲马来半岛至大洋洲。现广泛栽培于热带地区,我国南部各地常见栽培。

习性繁殖 喜高温、湿润和阳光充足环境,不耐寒。播种、扦插或压条繁殖。

园林用途 栽培品种众多,叶形变异大,叶色丰富。宜作庭院观赏、绿篱或花坛。

火殃勒 火殃簕

Euphorbia antiquorum L.

大戟科大戟属

花果期全年

大戟科

识别特征 肉质灌木状小乔木，高达5米❶❷。乳汁丰富，茎常三棱状，偶有四棱状并存❸。叶互生于齿尖，少而稀疏，常生于嫩枝顶部，倒卵形或倒卵状长圆形。花序单生于叶腋，黄色❹。蒴果三棱状扁球形。种子近球状，褐黄色。

产地分布 原产印度，分布于热带亚洲。我国南北方均有栽培。

习性繁殖 喜光；喜温暖至高温气候，耐热，耐旱；栽培以砂质壤土为佳。扦插繁殖。

园林用途 株型奇特。宜作庭院观赏或绿篱。

肖黄栌 紫锦木、红叶乌桕

Euphorbia cotinifolia L.

大戟科大戟属

花期3~10月

大戟科

识别特征 常绿乔木，高达3米❶。叶3枚轮生，宽卵形或卵圆形，主脉于两面明显；边缘全缘，两面红色；叶柄略带红色❷。花序生于二歧分枝的顶端，总苞阔钟状，半圆形，深绿色❸❹。蒴果三棱状卵形，种子近球状。

产地分布 原产热带美洲。我国南方多有栽培。

习性繁殖 喜温暖、湿润环境，耐瘠薄，抗旱能力低。扦插繁殖。

园林用途 叶片四季都呈暗红色，株型优美。宜作庭院观赏、绿篱或花坛。

小贴士：

本种作为观叶植物极似漆树科黄栌，故名"肖黄栌"。

铁海棠　虎刺梅、麒麟刺

Euphorbia milii Ch. des Moulins

大戟科大戟属

花果期全年

大戟科

识别特征　蔓生灌木，高达50厘米❶。茎多分枝，具纵棱，密生硬而尖的锥状刺，呈旋转❷。叶互生，通常集中于嫩枝上，倒卵形或长圆状匙形❸。二歧状复花序，生于枝上部叶腋，复序具柄。苞叶2枚，肾圆形，上面鲜红色，下面淡红色，紧贴花序❹。蒴果三棱状卵形。种子卵柱状，灰褐色。

产地分布　原产非洲（马达加斯加）。广泛栽培于热带和温带。

习性繁殖　喜温暖、湿润和阳光充足环境。扦插繁殖。

园林用途　开花期长，红色苞片，鲜艳夺目。宜作庭院观赏或花坛。

小贴士：

花语是倔强而又坚贞、温柔又忠诚、勇猛又不失儒雅。

金刚篆 麒麟阁

Euphorbia neriifolia L.

大戟科大戟属

花期6～9月

大戟科

识别特征 肉质灌木状小乔木，高达5米❶。乳汁丰富❷，茎圆柱状，上部多分枝，具不明显5条隆起，且呈螺旋状旋转排列的脊，绿色❸。叶互生，少而稀疏，肉质，常呈5列生于嫩枝顶端脊上，倒卵形、倒卵状长圆形至匙形❹。花序二歧状腋生，基部具柄；总苞阔钟状。蒴果球形。

产地分布 原产印度。我国南北方均有栽培。

习性繁殖 喜阳光充足；喜高温，耐干旱；喜肥沃、疏松且排水良好土壤。播种、分株或扦插繁殖。

园林用途 株型优美、奇特，可修剪成各种造型。宜作庭院观赏或绿篱。

一品红 猩猩木、圣诞花、老来娇

Euphorbia pulcherrima Willd. et Kl.

大戟科大戟属

花果期10月至翌年4月

识别特征 常绿灌木，高达4米❶❷。叶互生，卵状椭圆形、长椭圆形或披针形，绿色，边缘全缘或浅裂或波状浅裂；苞叶5～7枚，狭椭圆形，通常全缘，极少边缘浅波状分裂，朱红色。花序数个聚伞排列于枝顶；总苞坛状，淡绿色❸。种子卵状，灰色或淡灰色。同属种有猩猩草*E. cyathophora*，苞叶基部红色❹。

产地分布 原产中美洲。广泛栽培于热带和亚热带，我国绝大部分地市均有栽培。

习性繁殖 喜温暖、湿润和光照充足环境。扦插或压条繁殖。

园林用途 花苞片色彩鲜艳，辉煌灿烂，且花期长。宜作庭院观赏或花坛。

小贴士：

圣诞、元旦、春节开花，花语是绘出你一片炽热的热情。

大戟科

光棍树 绿玉树、绿珊瑚

Euphorbia tirucalli L.

大戟科大戟属

花期7～10月，果期7～11月

大戟科

识别特征 小乔木，高达6米❶❷。老时呈灰色或淡灰色，幼时绿色，上部平展或分枝；小枝肉质，具丰富乳汁。叶互生，长圆状线形，先端钝，基部渐狭，全缘❸。花序密集于枝顶，基部具柄❹。蒴果棱状三角形，种子卵球状。

产地分布 原产非洲东部。广泛栽培于热带和亚热带，海南有栽种。

习性繁殖 喜光；耐旱，耐盐和耐风；能于贫瘠土壤生长。播种或扦插繁殖。

园林用途 株型优美，多分枝，四季青翠美丽。宜作庭院观赏或绿篱。

小贴士：

光棍树的白色乳汁有剧毒。像光棍树这样的木本植物世界上还有梭梭树*Haloxylon ammodendron*、假叶树*Ruscus aculeata*、木麻黄等，仅有枝而无叶。

❶

❷

❸

❹

海漆 牛奶红树

Excoecaria agallocha L.

大戟科海漆属

花果期1～9月

识别特征 常绿乔木，高达3米❶。全身具白色乳汁，有毒，有发达的表面根❷。叶互生，厚，近革质，叶片椭圆形或阔椭圆形，顶端短尖，尖头钝，基部钝圆或阔楔形，边全缘或有不明显的疏细齿。花单性，雌雄异株，聚集成腋生、单生或双生的总状花序，无花瓣❸。蒴果球形，具3沟槽❹；种子黑色，球形。

产地分布 产于海南、广东、广西及台湾等地，印度、中南半岛、菲律宾、澳大利亚等地也有分布。

习性繁殖 喜光，喜高温，耐旱，抗风，耐盐碱。播种或扦插繁殖。

园林用途 株型美观，根系奇特。宜作园景树或滨海绿化。

大戟科

红背桂 紫背桂

Excoecaria cochinchinensis Lour.

大戟科海漆属

大戟科

花期几乎全年，果期夏秋季

识别特征 常绿灌木，高达1米❶。叶对生，稀兼有互生或近3片轮生，纸质，叶片狭椭圆形或长圆形，腹面绿色，背面紫红或血红色❷。花单性，雌雄异株，聚集成腋生或稀兼有顶生的总状花序❸。蒴果球形❹，种子近球形。

产地分布 原产越南。我国海南、台湾、广东、广西、云南等地普遍栽培，亚洲东南部各国也有。

习性繁殖 耐半阴，忌阳光曝晒；不耐干旱，不甚耐寒；喜肥沃、排水好的砂壤土。扦插繁殖。

园林用途 叶背红色，叶面翠绿。宜作庭院观赏、绿篱或花坛。

橡胶树 巴西橡胶、三叶橡胶

Hevea brasiliensis (Willd. ex A. Juss.) Muell. Arg.

大戟科橡胶树属

花期5～6月

识别特征 落叶乔木，高达30米❶。有丰富乳汁。三出复叶互生，小叶椭圆形，顶端短尖至渐尖，基部楔形，全缘，两面无毛❷。花小，无花瓣，单性，雌雄同株；圆锥花序腋生❸。蒴果椭圆状，有3纵沟，顶端有喙尖❹；种子椭圆状，淡灰褐色，有斑纹。

产地分布 原产巴西，现广泛栽培于亚洲热带地区。我国海南、台湾、福建南部、广东、广西和云南南部均有栽培，以海南和云南种植较多。

习性繁殖 喜高温、高湿、静风和肥沃土壤，不耐寒。播种繁殖。

园林用途 树体高大，枝叶茂密。宜作行道树、园景树或庭荫树。

小贴士：

橡胶树割胶时流出的胶乳经凝固及干燥而制得的天然橡胶，广泛应用于工业、国防、交通领域和日常生活等方面。

大戟科

琴叶珊瑚 变叶珊瑚花、日日樱

Jatropha integerrima Jacq.

大戟科麻疯树属

花期全年

大戟科

识别特征 常绿灌木，高达3米❶。全株被柔毛，具淡白色汁液。单叶互生，叶形多样，卵形、倒卵形、长圆形或提琴形，叶面为浓绿色，叶背为紫绿色❷。单性花，雌雄同株。聚伞花序腋生，花冠红色❸。蒴果成熟时呈黑褐色❹。

产地分布 原产西印度群岛。我国南方多有栽培。

习性繁殖 喜光照充足，稍耐半阴；喜高温、高湿环境，怕寒冷与干燥；喜生长于疏松肥沃富含有机质的酸性砂质土壤中。播种或扦插繁殖。

园林用途 叶色翠绿，花色明艳。宜作庭院观赏或绿篱。

佛肚树

Jatropha podagrica Hook.

大戟科麻疯树属

花期全年

识别特征 常绿灌木，高达1.5米❶。茎基部或下部通常膨大呈瓶状；枝条粗短，肉质，叶痕大且明显。叶盾状着生，轮廓近圆形至阔椭圆形❷。花序顶生，红色，花瓣倒卵状长圆形❸。蒴果椭圆状❹。

产地分布 原产中美洲或南美洲热带地区。我国各热带地区有栽培。

习性繁殖 喜高温、干燥环境；适宜向阳和排水良好的砂质壤土。播种或扦插繁殖。

园林用途 株型奇特，花形美丽，几乎全年开花。宜作庭院观赏。

大戟科

红雀珊瑚 洋珊瑚

Pedilanthus tithymaloides (L.) Poit.

大戟科红雀珊瑚属

花期12月至翌年6月

大戟科

识别特征 常绿直立亚灌木，高达70厘米❶。茎、枝粗壮，带肉质，作"之"字状扭曲。叶肉质，叶片卵形或长卵形。聚伞花序丛生于枝顶或上部叶腋内，每一聚伞花序为一鞋状的总苞所包围，总苞鲜红或紫红色❷。栽培种有斑叶红雀珊瑚'Variegatus'，叶面镶嵌红色或白色斑纹❸❹。

产地分布 原产美洲。我国海南、云南、广西、广东等地常见栽培。

习性繁殖 喜干热，要求土壤肥沃、疏松且排水良好。播种或扦插繁殖。

园林用途 植株丰满，茎圆叶绿，花形别致。宜作庭院观赏或绿篱。

余甘子 油甘子

Phyllanthus emblica L.

大戟科叶下珠属

花期4~6月，果期6~9月

识别特征 落叶乔木，高达20米❶。叶片纸质至革质，二裂，线状长圆形，顶端截平或钝圆，基部浅心形而稍偏斜，上面绿色，下面浅绿色❷。多朵雄花和1朵雌花或全为雄花组成腋生的聚伞花序，黄色❸。蒴果呈核果状，圆球形，绿白色❹；种子略带红色。

产地分布 产于我国长江以南等地区，印度、中南半岛、马来西亚也有分布。海口、三亚等地园林有栽培。

习性繁殖 喜温暖干热环境；耐干旱和瘠薄的土壤。播种、扦插或压条繁殖。

园林用途 枝叶繁茂，树姿优美。宜作行道树、园景树或庭荫树。

小贴士：

果实富含丰富的维生素，可食用。初食味酸涩，良久乃甘，故名"余甘子"。

大戟科

锡兰叶下珠 瘤腺叶下珠

Phyllanthus myrtifolius (Wight) Muell. Arg.

大戟科叶下珠属

花期3~12月，果期冬季

大戟科

识别特征 常绿灌木，高达50厘米❶❷。枝条圆柱形，上部被微柔毛。叶片革质，倒披针形，顶端钝或急尖，侧脉近水平升出；叶柄极短；托叶小，卵形❸。花雌雄同株，数朵簇生于叶腋。蒴果扁球形❹，种子表面具网纹。

产地分布 原产斯里兰卡。我国海南、台湾、广东、香港等地有栽培。

习性繁殖 喜光，耐半阴；喜温暖环境，耐水湿，抗风抗污染。播种或扦插繁殖。

园林用途 株型美观，叶色翠绿。宜作庭院观赏或绿篱。

绿萼梅

Armeniaca mume f. *viridicalyx* T. Y. Chen

蔷薇科杏属

花期冬季至翌年春季，果期5～6月

识别特征 落叶小乔木，高达10米❶。枝条横斜，斜上或直上。叶片卵形或椭圆形，叶缘有小锯齿，灰绿色❷。先叶开花，有浓香。着花繁密，1～2朵着生于各类花枝上；花梗短，花蕾多孔；花瓣碟形，花色洁白，香气浓郁，有单瓣、重瓣和复瓣之分；花萼绿色，萼片卵形或近圆形，先端圆钝❸❹。果实近球形，黄色或绿白色。

产地分布 原产我国西南等地。现全国多地均有栽培，海口琼台书院有栽种。

习性繁殖 喜光，喜温暖环境，但花蕾抗冻性差。嫁接、扦插或压条繁殖。

园林用途 盛花期香气浓郁、花美，观赏价值极高。宜作园景树或庭院观赏。

小贴士：

海口琼台书院中300余年的古绿萼梅每年立春前后盛花，芳香四溢，甚是壮观，众多游客慕名而来，一睹梅花的美丽多姿。

蔷薇科

月季 月季花、月月红、月月花

Rosa chinensis Jacq.

蔷薇科蔷薇属

花期4～9月，果期6～11月

蔷薇科

识别特征 常绿直立灌木，高达2米❶。小枝粗壮，圆柱形，近无毛，有钩状皮刺。小叶3～5片，宽卵形至卵状长圆形，先端长渐尖或渐尖，边缘有锐锯齿。花几朵集生，稀单生；花瓣重瓣至半重瓣，红色、粉红色至白色❷❸。果卵球形或梨形，红色。同属种有玫瑰 *R. rugosa*，小叶7～9片；刺多；香味浓❹。

产地分布 原产中国，各地普遍栽培；园艺品种很多。

习性繁殖 喜温暖、日照充足、空气流通环境；以疏松、肥沃的壤土较为适宜。播种、扦插、嫁接或压条繁殖。

园林用途 花容秀美，姿色多样。宜作庭院观赏、绿篱或花坛。

小贴士：

中国十大名花之一，被誉为"花中皇后"。

大叶相思 耳叶相思

Acacia auriculiformis A. Cunn. ex Benth.

含羞草科金合欢属

花期7~8月和10~12月，
果期12月至翌年5月

识别特征 常绿小乔木，高达10米❶。枝条下垂，树皮平滑，灰白色；小枝无毛，皮孔显著。叶状柄镰状长圆形，两端渐狭，比较显著的主脉有3~7条❷。穗状花序，一至数枝簇生于叶腋或枝顶；花橙黄色；花瓣长圆形❸。荚果成熟时旋卷❹，果瓣木质，每一果内有种子约12颗；种子黑色，围以折叠的珠柄。

产地分布 原产澳大利亚北部及新西兰。我国海南、广东、广西、福建等地有引种。

习性繁殖 喜光，宜光照充足；喜湿润，耐温怕霜冻。播种或扦插繁殖。

园林用途 树冠茂密，四季苍翠。宜作行道树、园景树或庭荫树。

含羞草科

台湾相思
Acacia confusa Merr.
含羞草科金合欢属

花期3～10月，果期8～12月

含羞草科

识别特征 常绿乔木，高达15米❶。枝灰色或褐色，无刺，小枝纤细。叶革质，披针形，直或微呈弯镰状，两端渐狭，先端略钝，两面无毛，有明显的纵脉3～8条❷。头状花序球形，单生或2～3个簇生于叶腋；花金黄色，有微香；花瓣淡绿色❸。荚果扁平，干时深褐色，有光泽❹；种子2～8颗，椭圆形，压扁，长5～7毫米。

产地分布 产于我国台湾、福建、广东、广西、云南等地，菲律宾、印度尼西亚、斐济亦有分布。海南有栽培。

习性繁殖 喜光，亦耐半阴；喜暖热气候，亦耐低温，耐旱瘠土壤，喜酸性土。播种繁殖。

园林用途 树冠苍翠绿荫，花序美丽。宜作行道树、园景树或庭荫树。

马占相思

Acacia mangium Willd.

含羞草科金合欢属

花期9～10月，果期翌年5～6月

含羞草科

识别特征 常绿小乔木，高达8米❶。叶柄叶状，椭圆形，长12～15厘米，互生，全缘，革质，掌状脉，叶形宽大，枝叶朝天生长。穗状花序，下垂，花冠淡黄白色❷。荚果呈扁圆条形❸。同属种有珍珠金合欢（银叶金合欢）*A. podalyriifolia*，叶片银灰色，单叶，呈规则地交叉竖起排列着生；总状花序，金黄色❹。

产地分布 原产澳大利亚、巴布亚新几内亚和印度尼西亚。我国海南、广东、广西、福建等地有引种。

习性繁殖 喜光，耐半阴；喜温暖、湿润环境，耐干旱和瘠薄的土壤。播种繁殖。

园林用途 适应性强，生长迅速，干形通直。宜作行道树或园景树。

海红豆 红豆、孔雀豆、相思格、细籽海黄豆

Adenanthera microsperma Teijsmann & Binnendijk

含羞草科海红豆属

花期4～7月，果期7～10月

含羞草科

识别特征 落叶乔木，高达20米❶。二回羽状复叶；叶柄和叶轴被微柔毛，无腺体；小叶互生，长圆形或卵形，两端圆钝，两面均被微柔毛，具短柄❷。总状花序单生于叶腋或在枝顶排成圆锥花序，被短柔毛；花小，白色或黄色，有香味，具短梗❸。荚果狭长圆形，盘旋；种子近圆形至椭圆形，鲜红色，有光泽❹。

产地分布 产于海南、云南、贵州、广西、广东、福建和台湾等地，东南亚各国也有分布。

习性繁殖 喜光，稍耐阴；喜温暖、湿润环境；喜土层深厚、肥沃、排水良好的砂壤土。播种或扦插繁殖。

园林用途 枝叶优美，种子红艳美丽。宜作行道树、园景树或庭荫树。

阔荚合欢 大叶合欢

Albizia lebbeck (L.) Benth.

含羞草科合欢属

花期5～9月，果期10月至翌年5月

识别特征 落叶乔木，高达12米❶。二回羽状复叶；总叶柄近基部及叶轴上羽片着生处均有腺体；叶轴被短柔毛或无毛；羽片2～4对，小叶4～8对，长椭圆形或略斜的长椭圆形，先端圆钝或微凹❷。头状花序，芳香；花冠黄绿色，雄蕊白色或淡黄绿色❸。荚果带状，扁平❹；种子椭圆形，棕色。

产地分布 原产热带非洲。我国海南、广东、广西、福建及台湾等地有栽培。

习性繁殖 喜光；喜温暖、湿润且排水良好土壤，也耐贫瘠。播种繁殖。

园林用途 树冠开展，枝叶繁茂；绒花成簇，持久漂亮。宜作行道树、园景树或庭荫树。

含羞草科

楹树 华楹

Albizia chinensis (Osbeck) Merr.

含羞草科合欢属

花期3～5月，果期6～12月

识别特征 落叶乔木，高达30米❶。小枝被黄色柔毛。托叶大，早落。二回羽状复叶，羽片6～12对；小叶长椭圆形，先端渐尖，基部近截平，具缘毛，下面被长柔毛；中脉紧靠上边缘❷。头状花序再排成顶生的圆锥花序；花绿白色或淡黄色，密被黄褐色茸毛❸。荚果扁平，幼时稍被柔毛，成熟时无毛。相近种有南洋楹*Falcataria moluccana*，常绿大乔木，高可达45米❹；穗状花序腋生，单生或数个组成圆锥花序；花初白色，后变黄。

产地分布 产于福建、湖南、广东、云南等地。南亚至东南亚亦有分布。海南有栽培。

习性繁殖 喜光，耐半阴；喜温暖湿润环境，不抗风。播种繁殖。

园林用途 树冠伞形，伸展开阔，树形美观。宜作行道树、园景树或庭荫树。

含羞草科

朱缨花　美蕊花、红绒球、美洲合欢

Calliandra haematocephala Hassk.

含羞草科朱缨花属

花期10月至翌年3月，果期10～11月

含羞草科

识别特征　常绿灌木，高达3米❶❷。二回羽状复叶，小叶斜披针形，先端钝而具小尖头，基部偏斜，边缘被疏柔毛❸。头状花序腋生，花萼钟状，绿色；花冠淡紫红色，雄蕊深红色❹。荚果线状倒披针形，果瓣外反；种长圆形，棕色。

产地分布　原产南美。现热带、亚热带地区常有栽培，我国海南、台湾、福建、广东等地有栽种。

习性繁殖　喜光；喜温暖、湿润环境，适生于深厚肥沃排水良好的酸性土壤。播种或扦插繁殖。

园林用途　树姿优美，花极美丽，清香袭人。宜作行道树、庭院观赏或绿篱。

小贴士：

花语是奔放、豪迈、喜庆。

苏里南朱缨花 苏里南合欢、粉扑花

Calliandra riparia Pittier

含羞草科朱缨花属

花期5～9月，果期秋冬季

含羞草科

识别特征 半落叶灌木或小乔木，高达3米❶。二回羽状复叶，羽片6～9对，每一羽片有多数密生的小叶；小叶长椭圆形。头状花序多数，复排成圆锥状，含许多小花；花冠黄绿色；花丝下部白色，上部粉红色❷。荚果带状，扁平❸。相近种有香水合欢（细叶合欢）*Zapoteca portoricensis*，枝条红褐色；叶片纤细翠绿，如含羞草；花形酷似粉扑，上端紫红色，下端雪白，花丝细长，花具香味❹。

产地分布 原产苏里南岛。世界热带地区多有栽培，我国海南、广东等地有栽培。

习性繁殖 喜半阴，耐阳光直射；喜温暖、湿润环境。扦插繁殖。

园林用途 树姿自然伸展，枝叶婆娑，花多而密，花形漂亮。宜作园景树或庭院观赏。

银合欢

Leucaena leucocephala (Lam.) de Wit

含羞草科银合欢属

花期4～7月，果期8～10月

识别特征 常绿灌木或小乔木，高达6米❶。羽片复叶，叶轴被柔毛；小叶5～15对，线状长圆形，先端急尖，基部楔形，两侧不等宽。头状花序通常1～2个腋生，花白色❷。荚果带状，纵裂，被微柔毛❸❹；种子卵形，褐色。

产地分布 原产热带美洲。现广布于各热带地区，我国海南、台湾、福建、广东、广西和云南等地有分布。

习性繁殖 喜温暖、湿润环境，怕霜冻，耐寒耐涝，耐贫瘠，对土质要求不严。播种繁殖。

园林用途 树形美观，开花漂亮。宜作园景树或绿篱。

含羞草科

牛蹄豆

Pithecellobium dulce (Roxb.) Benth.

含羞草科牛蹄豆属

花期3月，果期7月

含羞草科

识别特征 常绿乔木，高达15米❶❷。羽片1对，每一羽片只有小叶1对，羽片和小叶着生处各有凸起的腺体1枚；小叶坚纸质，长倒卵形或椭圆形，大小差异甚大，叶脉明显，中脉偏于内侧❸。头状花序小，于叶腋或枝顶排列成狭圆锥花序式，花冠白色或淡黄❹。荚果线形，暗红色；种子黑色。

产地分布 原产中美洲，现广布于热带干旱地区。我国海南、台湾、广东、广西、云南等地有栽培，海口人民公园、海南中学等地多有栽种。

习性繁殖 喜光，耐旱，耐瘠，耐碱。播种繁殖。

园林用途 枝叶浓密，叶形美观。宜作行道树、园景树或庭荫树。

雨树 雨豆树

Samanea saman (Jacq.) Merr.

含羞草科雨树属

花期8～9月

识别特征 落叶大乔木，高达25米❶。分枝低。羽片及叶片间常有腺体；小叶3～8对，由上往下逐渐变小，斜长圆形❷。花玫瑰红色，组成单生或簇生、直径5～6厘米的头状花序，生于叶腋❸❹。荚果长圆形。

产地分布 原产热带美洲。广植于世界热带地区，我国海南、台湾、广东和云南等地有引种。

习性繁殖 喜光；喜高温、高湿环境。播种繁殖。

园林用途 枝叶繁茂，树形优美。宜作行道树、园景树或庭荫树。

小贴士：
荚果含糖较多，可用来作牛的饲料。日落天黑或阴天下雨，雨树叶子会收卷起来；而当太阳升起或天晴日出，叶子则会自然打开。其时，包裹在碗状叶片里的露水雨水便会纷纷落下，宛如下雨，故名"雨树"。

含羞草科

红花羊蹄甲 香港紫荆花

Bauhinia × blakeana Dunn

苏木科羊蹄甲属

花期全年，以12月至翌年3月为盛

苏木科

识别特征 常绿乔木，高达10米❶。叶革质，近圆形或阔心形，基部心形，先端2裂约为叶全长的1/4～1/3❷。总状花序顶生或腋生，有时复合成圆锥花序，花瓣红紫色，具短柄；雄蕊5枚，其中3枚较长，2枚较短❸。不结果。同属种有白花羊蹄甲*B. acuminata*，花瓣白色，无瓣柄；能育雄蕊10枚，可结果❹。

产地分布 产于亚洲南部。世界各地广泛栽植，我国华南地区广泛栽培。

习性繁殖 喜温暖、湿润和阳光充足环境。扦插或嫁接繁殖。

园林用途 花大，紫红色，开时繁英满树。宜作行道树、园景树或庭院观赏。

小贴士：

本种为香港特别行政区区花——香港紫荆花，实为羊蹄甲*B. purpurea*和宫粉羊蹄甲*B. variegata*的天然杂交种。

羊蹄甲

Bauhinia purpurea L.

苏木科羊蹄甲属

花期9～11月，果期翌年2～3月

识别特征 常绿乔木或直立灌木，高达10米❶。叶硬纸质，近圆形，基部浅心形，先端分裂达叶长的1/3～1/2，叶裂端较锐尖。总状花序侧生或顶生，少花，有时2～4个生于枝顶而成复总状花序；花瓣桃红色；能育雄蕊3枚，花丝与花瓣等长，子房具长柄❷❸。荚果带状，扁平❹；种子近圆形。

产地分布 产于我国南部，中南半岛、印度、斯里兰卡有分布。华南地区广泛栽培。

习性繁殖 喜高温、多湿环境，耐热、耐旱。播种、扦插或嫁接繁殖。

园林用途 盛花期花多叶少，颇为美艳。宜作行道树、园景树或庭院观赏。

苏木科

宫粉羊蹄甲 洋紫荆、宫粉紫荆

Bauhinia variegata L.

苏木科羊蹄甲属

花期2～5月，果期3～6月

苏木科

识别特征 落叶乔木，高达8米❶。叶近革质，广卵形至近圆形，基部浅至深心形，先端2裂达叶长的1/3。总状花序侧生或顶生，极短缩；花瓣紫红色或淡红色，杂以黄绿色及暗紫色的斑纹；能育雄蕊5枚，长短不一，子房具短柄❷。荚果带状，扁平，具长柄及喙❸；种子近圆形，扁平。变种有白花洋紫荆var. *candida*，花瓣白色，能育雄蕊5枚，可结果❹。

产地分布 产于我国南部，印度、中南半岛有分布。华南地区广泛栽培。

习性繁殖 喜光，稍耐阴；喜温暖、湿润环境。扦插或嫁接繁殖。

园林用途 花美丽而略有香味，花期长，生长快。宜作行道树、园景树或庭院观赏。

首冠藤 深裂叶羊蹄甲

Bauhinia corymbosa Roxb. ex DC.

苏木科羊蹄甲属

花期4～6月，果期9～12月

苏木科

识别特征 常绿木质藤本❶。叶纸质，近圆形，裂片先端圆，基部近截平或浅心形❷。伞房花序式的总状花序顶生于侧枝上；花芳香；花瓣白色，有粉红色脉纹，阔匙形或近圆形；花丝淡红色❸。荚果带状长圆形，扁平，直或弯曲；种子长圆形，褐色。同属相近种有橙花羊蹄甲（嘉氏羊蹄甲）*B. galpinii*，常绿藤状灌木；花冠橙红色，花期长❹。

产地分布 产于海南、广东。世界热带、亚热带地区有栽培供观赏。

习性繁殖 喜光，喜温暖至高温湿润环境，适应性强。播种或扦插繁殖。

园林用途 枝叶繁茂，花芳香而美丽。宜作庭院观赏、垂直绿化或绿篱。

洋金凤 金凤花、黄蝴蝶、蛱蝶花

Caesalpinia pulcherrima (L.) Sw.

苏木科云实属

花果期全年

苏木科

识别特征 常绿大灌木或小乔木，高达5米❶。二回羽状复叶，羽片4～8对，对生，小叶长圆形或倒卵形，小叶柄短❷。总状花序近伞房状，顶生或腋生，疏松，花瓣橙红色或黄色，圆形；花丝红色，远伸出于花瓣外，花柱橙黄色❸。荚果倒披针状长圆形❹。

产地分布 原产西印度群岛。我国海南、云南、广西、广东和台湾均有栽培。

习性繁殖 喜光；喜高温、高湿环境，耐寒力较低。播种或扦插繁殖。

园林用途 树姿婆娑，花形奇巧，花色艳丽。宜作行道树、园景树或庭院观赏。

绒果决明 花旗木、泰国樱花、桃花决明

Cassia bakeriana Craib

苏木科决明属

花期3～4月

苏木科

识别特征 落叶乔木，高达15米❶。枝条平展长伸，柔软下垂。羽状复叶，小叶椭圆形，叶被白色毛，有蜜腺❷。总状花序自老枝伸出，粉红色，并逐渐变为淡粉色，最后褪为白色；雄蕊10枚❸❹。果实棒状，有绒毛。

产地分布 原产泰国，我国海南、广东、云南等地有栽培。文昌、琼海、五指山等地均有种植。

习性繁殖 喜光；喜高温、高湿环境，耐寒力较低。播种或扦插繁殖。

园林用途 树姿优美，花朵绚丽，花期长。宜作园景树或庭院观赏。

小贴士：

因果实外表有绒毛，故名之。

腊肠树 牛角树

Cassia fistula L.

苏木科决明属

花期6~8月，果期10月

苏木科

识别特征 落叶乔木，高达15米❶。小叶对生，薄革质，阔卵形，卵形或长圆形，顶端短渐尖而钝，基部楔形，边全缘❷。总状花序，疏散，下垂；花与叶同时开放；花瓣黄色，倒卵形❸。荚果圆柱形，黑褐色❹。

产地分布 原产印度、缅甸和斯里兰卡。我国南部和西南部各地均有栽培。

习性繁殖 喜光；喜温暖、湿润环境，不耐寒；以砂质壤土为最佳。播种繁殖。

园林用途 花开满树金黄，秋果垂如腊肠。宜作行道树、园景树或庭荫树。

凤凰木 凤凰花、红花楹、金凤花

Delonix regia (Boj.) Raf.

苏木科凤凰木属

花期6～7月，果期8～10月

识别特征 落叶乔木，高达20米❶。树冠扁圆形，分枝多而开展。叶为二回偶数羽状复叶，具托叶；小叶密集对生，长圆形，先端钝，基部偏斜，边全缘❷。伞房状总状花序顶生或腋生；花大而美丽，鲜红至橙红色；花瓣具黄及白色花斑❸。荚果带形，扁平❹。

产地分布 原产马达加斯加。世界热带地区常栽种，我国华南地区广为栽培。

习性繁殖 喜高温、多湿和阳光充足环境，不耐寒。播种或扦插繁殖。

园林用途 树冠扁圆而开展，枝叶茂密；花大而色泽鲜艳，盛开时红花与绿叶相映，色彩夺目。宜作行道树、园景树或庭荫树。

小贴士：

"叶如飞凰之羽，花若丹凤之冠"，故名之。花语是离别、思念、火热青春。

苏木科

盾柱木 双翼豆

Peltophorum pterocarpum (DC.) Baker ex K. Heyne.

苏木科盾柱木属

花期5～8月，果期9～12月

苏木科

识别特征 落叶乔木，高达15米❶。幼嫩部分和花序被锈色毛。二回羽状复叶，小叶对生，革质，无柄，排列紧密，长圆状倒卵形，基部两侧不对称，边全缘。圆锥花序顶生或腋生，花瓣黄色，倒卵形，具长柄❷。荚果具翅，扁平，纺锤形，两端尖，中央具条纹❸。同属种有银珠*P. tonkinense*，总状花序❹；柱头不分裂；荚果成熟后在中部无条纹。

产地分布 产于越南、斯里兰卡、马来半岛、印度尼西亚和大洋洲北部。我国南方有栽培。

习性繁殖 喜光；喜高温、多湿环境，耐旱。播种、扦插或压条繁殖。

园林用途 树冠伞形，叶大花美。宜作行道树、园景树或庭院观赏。

中国无忧花 中国无忧树、袈裟树

Saraca dives Pierre

苏木科无忧花属

花期3～5月，果期7～10月

识别特征 常绿乔木，高达20米❶。偶数羽状复叶互生，小叶4～7对，长椭圆形，全缘，硬革质；嫩叶柔软下垂，先红色后渐变正常的绿色❷。花腋生，无花瓣，花萼管状，端4裂，花瓣状，橘红色至黄色；小苞片花瓣状，红色；由伞房花序组成顶生圆锥花序❸。荚果长圆形，扁平或略肿胀❹。

产地分布 产于云南东南部至广西西南部、南部和东南部，越南、老挝也有分布。海南有栽培。

习性繁殖 喜温暖、湿润的亚热带气候，不耐寒。播种、扦插或压条繁殖。

园林用途 花大而美丽，盛开时如火焰。宜作行道树、庭荫树或庭院观赏。

小贴士：

相传，佛祖释迦牟尼诞生于无忧花树下。

苏木科

翅荚决明 翅果决明、七金烛台、烛台决明

Senna alata (L.) Roxb.

苏木科番泻决明属

花期11月至翌年1月，
果期12月至翌年2月

苏木科

识别特征 常绿灌木，高达3米❶。叶柄和叶轴上有2条纵棱条，羽状复叶，小叶薄革质，倒卵状长圆形或长圆形❷。花序顶生和腋生，具长梗，单生或分枝；花瓣黄色，有明显的紫色脉纹❸。荚果长带状❹；种子三角形。

产地分布 原产美洲热带地区。现广布于全世界热带地区，我国热带地区常见栽培。

习性繁殖 喜光，耐半阴；喜高温、湿润环境，耐干旱，耐贫瘠。播种或扦插繁殖。

园林用途 树形优美，花色鲜艳。宜作庭院观赏或绿篱。

双荚决明 双荚槐

Senna bicapsularis (L.) Rox.

苏木科番泻决明属

花期10～11月，果期11月至翌年3月

识别特征 半落叶灌木，高达3米❶。小叶3～4对，小叶倒卵形或倒卵状长圆形，膜质，顶端圆钝，基部渐狭，偏斜，下面粉绿色❷。总状花序生于枝条顶端的叶腋间，常集成伞房花序状，长度约与叶相等，花鲜黄色❸。荚果圆柱状，膜质❹。

产地分布 原产美洲热带地区。现广布于全世界热带地区，我国华南地区常见栽培。

习性繁殖 喜光；适应性较广，耐寒；耐干旱瘠薄土壤。播种或扦插繁殖。

园林用途 花鲜黄色，灿烂夺目。宜作庭院观赏或绿篱。

苏木科

黄槐决明 黄槐

Senna surattensis H. S. Irwin & Barneby

苏木科番泻决明属

花果期全年

苏木科

识别特征 常绿灌木或小乔木，高达7米❶。叶轴及叶柄呈扁四方形；小叶长椭圆形或卵形，下面粉白色，边全缘❷。总状花序生于枝条上部的叶腋内，花瓣鲜黄至深黄色，卵形至倒卵形；能育雄蕊10枚，最下2枚较长❸。荚果扁平，带状❹。

产地分布 原产印度、斯里兰卡、印度尼西亚、菲律宾和澳大利亚等地。现世界各均有栽培，我国南方广为栽培。

习性繁殖 喜光照充足，喜高温，耐旱，对水肥条件要求不严。播种或扦插繁殖。

园林用途 树冠圆整，枝叶茂盛，花期长。宜作行道树、园景树、庭院观赏或绿篱。

铁刀木 黑心树

Senna siamea (Lam.) H. S. Irwin & Barneby

苏木科番泻决明属

花期10～11月，果期12月至翌年3月

识别特征 落叶乔木，高达10米❶。小叶对生，革质，长圆形或长圆状椭圆形，顶端圆钝，常微凹，有短尖头，基部圆形，下面粉白色，边全缘❷。总状花序生于枝条顶端的叶腋，并排成伞房花序状；花瓣黄色，阔倒卵形，具短柄❸。荚果扁平❹。

产地分布 产于云南，南方各地均有栽培。印度、缅甸、泰国有分布。

习性繁殖 喜光、不耐荫蔽；喜温、不耐霜冻，喜湿润环境。播种繁殖。

园林用途 终年常绿，枝叶苍翠，叶茂花美。宜作行道树、园景树或庭荫树。

苏木科

美丽决明 美丽山扁豆、美洲槐

Senna spectabilis (Candolle) H. S. Irwin & Barneby

苏木科番泻决明属

花期12月至翌年2月，果期7～9月

苏木科

识别特征 常绿小乔木，高达5米❶。叶互生，叶轴及叶柄密被黄褐色绒毛，无腺体；小叶对生，椭圆形或长圆状披针形，顶端短渐尖，具针状短尖，基部阔楔形或稍带圆形，稍偏斜；中脉在背面凸起，侧脉每边15～20条❷。花组成顶生的圆锥花序或腋生的总状花序；花梗及总花梗密被黄褐色绒毛；花瓣黄色，有明显的脉❸❹。荚果长圆筒形；种子间稍收缩。

产地分布 原产美洲热带地区。我国海南、广东、云南等地有栽培。

习性繁殖 喜光；喜高温湿润环境；喜肥沃、排水良好的砂质土壤。播种繁殖。

园林用途 树冠伞形，花色美丽。宜作行道树、园景树或庭荫树。

油楠 蚌壳树

Sindora glabra Merr. ex de Wit.

苏木科油楠属

花期4～5月，果期6～8月

识别特征 常绿乔木，高达20米❶❷。小叶2～4对，对生，革质，椭圆状长圆形，很少卵形❸。圆锥花序生于小枝顶端之叶腋，密被黄色柔毛；苞片卵形，叶状❹。荚果圆形或椭圆形，外面有散生硬直的刺；种子扁圆形，黑色。

产地分布 产于海南、广东、云南、福建，越南也有分布。园林中有栽培。

习性繁殖 喜湿润、肥沃环境。播种或嫁接繁殖。

园林用途 树冠伞形，姿态优美。宜作行道树、庭荫树或庭院观赏。

小贴士：
国家二级重点保护野生植物，是热带、亚热带的能源树种，树干内含有一种丰富的淡棕色可燃性油质液体，气味清香，可燃性能与柴油相似。

苏木科

酸豆 酸梅、酸角

Tamarindus indica L.

苏木科酸豆属

花期5~8月，果期12月至翌年5月

苏木科

识别特征 常绿乔木，高达25米❶。偶数羽状复叶，互生；小叶小，长圆形，先端圆钝或微凹，基部圆而偏斜❷。圆锥花序顶生或总状花序腋生，花黄色或杂以紫红色条纹，少数；总花梗和花梗被黄绿色短柔毛；花瓣倒卵形，与萼裂片近等长，边缘波状❸。荚果圆柱状长圆形，肿胀，棕褐色，直或弯拱❹；种子褐色，有光泽。

产地分布 原产非洲。我国海南、台湾、广东、广西、福建及云南有栽培。

习性繁殖 喜光；喜温暖、湿润环境，不耐寒，耐旱。播种繁殖。

园林用途 树体巨大，树冠呈球形，枝叶浓密，四季常绿，花果漂亮。宜作行道树、园景树或庭荫树。

小贴士：

与椰子并称为三亚市市树。

蔓花生 铺地黄金

Arachis duranensis Krapov. & W. C. Greg.

蝶形花科落花生属

花期3~10月

识别特征 多年生草本，高达15厘米❶❷。茎枝蔓生，茎贴地生长，在节上生不定根。羽状复叶具小叶4片，小叶倒卵状椭圆形，夜间闭合❸。花单生于叶腋，花冠蝶形，黄色，花瓣和雄蕊均生于萼冠顶部❹。栽培较少结果。

产地分布 原产南美洲。我国华南地区多有栽培。

习性繁殖 喜光，也耐阴；喜高温、多湿环境，不耐寒，以砂质壤土为佳。分株或扦插繁殖。

园林用途 四季常青，观赏性强。宜作庭院观赏或地被植物。

蝶形花科

海刀豆

Canavalia rosea (Sw.) DC.

蝶形花科刀豆属

花期6～7月，果期秋冬季

蝶形花科

识别特征 草质藤本❶。茎被稀疏的微柔毛。羽状复叶具3小叶；托叶、小托叶小。小叶倒卵形、卵形、椭圆形或近圆形，先端通常圆。总状花序腋生，花1～3朵聚生于花序轴近顶部的每一节上；花冠紫红色，旗瓣圆形，翼瓣镰状，龙骨瓣长圆形❷❸。荚果线状长圆形❹；种子椭圆形，种皮褐色。

产地分布 产于海南、福建、广东、广西、台湾、浙江等地。世界热带海岸地区广布。

习性繁殖 喜光，喜高温，耐旱，耐热，耐盐碱，不拘土质。播种或扦插繁殖。

园林用途 花粉红色，美丽；果实大而奇特，形如刀。宜作海岸带地被植物。

巴西木蝶豆
Clitoria fairchildiana R. A. Howard
蝶形花科蝶豆属

花期7～10月，果期冬季

识别特征 常绿乔木，高达10米❶。树干浅灰色，分枝多而粗壮。三出复叶，小叶薄革质，全缘，椭圆形、长椭圆形或披针形，叶正面绿色，背面粉绿色；主脉及侧面显著，近平行而斜伸直达叶缘❷。圆锥花序顶生，下垂，花蓝紫色，旗瓣发达显著❸。荚果长圆形❹。

产地分布 产于巴西。海南海口、儋州等地有引种栽培。

习性繁殖 喜高温、湿润和光照充足环境，不耐寒，较耐旱；对土壤要求不严。播种、嫁接或扦插繁殖。

园林用途 树形高大美观，枝叶茂密；花形及花色漂亮，花期长。宜作行道树、园景树或庭荫树。

蝶形花科

蝶豆 蓝蝴蝶、蓝花豆、蝴蝶花豆

Clitoria ternatea L.

蝶形花科蝶豆属

花果期7～11月

蝶形花科

识别特征 攀援状草质藤本❶。托叶小，线形；总叶轴上面具细沟纹；小叶5～7枚，但通常为5枚，薄纸质或近膜质，宽椭圆形或有时近卵形。花大，单朵腋生；花冠蓝色、粉红色或白色，旗瓣宽倒卵形，中央有一白色或橙黄色浅晕，基部渐狭，具短瓣柄❷❸。荚果扁平，具长喙❹；种子长圆形，黑色。

产地分布 原产印度。现世界各热带地区极常栽培，我国南方有栽培。

习性繁殖 耐半阴；喜温暖、湿润环境，畏霜冻。播种繁殖。

园林用途 花大而蓝色，酷似蝴蝶，优雅亮丽。宜作庭院观赏或垂直绿化。

❶

❷ ❸ ❹

降香黄檀 降香、花梨母、花梨木

Dalbergia odorifera T. Chen

蝶形花科黄檀属

花期4～6月，果期10～12月

蝶形花科

识别特征 常绿乔木，高达15米❶。羽状复叶，托叶早落；小叶近革质，卵形或椭圆形❷。圆锥花序腋生，分枝呈伞房花序状；花冠乳白色或淡黄色，旗瓣倒心形；雄蕊9枚，单体❸。荚果舌状长圆形，果瓣革质❹。相近种有海南黄檀（花梨公）*D. hainanensis*，叶轴、叶柄被褐色短柔毛；雄蕊10枚，成5与5的二体雄蕊。

产地分布 原产海南。现华南各地有引种栽培。

习性繁殖 喜温暖、湿润和阳光充足环境。播种繁殖。

园林用途 枝冠茂密，叶色翠绿。宜作行道树、园景树或庭荫树。

小贴士：

国家二级重点保护野生植物。与紫檀木 *Pterocarpus indicus*、鸡翅木 *Millettia Laurentii*、铁力木并称中国古代四大名木。

鸡冠刺桐 巴西刺桐、象牙红

Erythrina crista-galli L.

蝶形花科刺桐属

花期4～6月，果期9～10月

蝶形花科

识别特征 常绿灌木或小乔木，高达5米❶。茎和叶柄稍具皮刺。羽状复叶具3小叶；小叶长卵形或披针状长椭圆形❷。花与叶同出，总状花序顶生，花深红色，稍下垂或与花序轴成直角❸。荚果褐色❹；种子亮褐色。

产地分布 原产巴西。我国华南地区和台湾有栽培。

习性繁殖 喜光；喜高温，耐热，耐旱；对土壤要求不严。播种、扦插或压条繁殖。

园林用途 树态优美，花繁且艳丽。宜作行道树、园景树或庭院观赏。

刺桐

Erythrina variegata L.

蝶形花科刺桐属

花期12月至翌年3月，果期8月

识别特征 落叶大乔木，高达20米❶。羽状复叶具3小叶，常密集枝端，小叶膜质，宽卵形或菱状卵形❷。总状花序顶生，上有密集、成对着生的花；花冠红色，旗瓣椭圆形❸。荚果黑色；种子暗红色。栽培种有金脉刺桐 'Parcellii'，叶片叶脉处具金黄色条纹❹。

产地分布 原产印度至大洋洲海岸林中。我国海南、东南沿海省份及台湾等地均有栽培。

习性繁殖 喜温暖、湿润和光照充足环境，耐旱也耐湿；对土壤要求不严。播种或扦插繁殖。

园林用途 花美丽，鲜艳夺目。宜作行道树、庭院观赏。

蝶形花科

墨西哥丁香 格力豆、毒鼠豆、藩篱豆

Gliricidia sepium (Jacq.) Kunth ex Walp.

蝶形花科毒鼠豆属

花期1~5月，果期冬季

蝶形花科

识别特征 落叶乔木，高达15米❶。树皮灰褐色至灰白色，老树具深沟裂。羽状复叶，大叶互生、小叶对生；小叶近革质，卵形或椭圆形❷。花腋生，总状花序，粉红色花朵❸❹。果实为荚果。

产地分布 原产墨西哥和中美洲太平洋沿岸。我国华南地区有引种栽培。

习性繁殖 喜光；喜温暖、湿润环境；不拘土质，适应性广。播种或扦插繁殖。

园林用途 花粉红色，如普通樱花一般，先花后叶，开花时树上一片花海，极为漂亮。宜作园景树或庭荫树。

小贴士：

本种固氮能力强、生长迅速、木材坚硬。木材可做薪炭材或农具、篱笆；树叶可作饲料或制毒鼠药，嫩枝树叶是良好的有机肥。

❶

❷

❸

❹

海南红豆 羽叶红豆、大萼红豆

Ormosia pinnata (Lour.) Merr.

蝶形花科红豆属

花期7~8月，果期10~12月

识别特征 常绿乔木或灌木，高达18米❶。奇数羽状复叶，小叶薄革质，披针形，两面均无毛❷。圆锥花序顶生，花冠粉红色而带黄白色，各瓣均具柄❸。荚果呈镰状，成熟时橙红色；种子椭圆形❹。

产地分布 产于海南、广东、广西，越南、泰国也有分布。

习性繁殖 喜温暖、湿润和光照充足环境；喜酸性土壤。播种繁殖。

园林用途 树冠浓绿美观，花美果奇。宜作行道树、园景树或庭荫树。

小贴士：

王维《相思》："红豆生南国，春来发几枝，愿君多采撷，此物最相思。"这首诗中的"红豆"其实指的是红豆树*O. hosiei*的种子（与海南红豆同科同属），常被串成项链、手链等首饰，作为表达爱情和友谊的纪念品。

蝶形花科

水黄皮 水流豆、野豆

Pongamia pinnata (L.) Merr.

蝶形花科水黄皮属

花期5～6月，果期8～10月

蝶形花科

识别特征 半落叶乔木，高达15米❶。羽状复叶；小叶2～3对，近革质，卵形，阔椭圆形至长椭圆形，先端短渐尖或圆形，基部宽楔形、圆形或近截形❷。总状花序腋生，通常2朵花簇生于花序总轴的节上；花冠白色或粉红色，各瓣均具柄❸。荚果，顶端有微弯曲的短喙，不开裂❹；种子肾形。

产地分布 产于海南、福建、广东及台湾等地，印度、斯里兰卡、马来西亚、澳大利亚、波利尼西亚也有分布。

习性繁殖 喜高温、湿润和阳光充足或半阴环境，耐旱，耐水湿，抗风。播种或扦插繁殖。

园林用途 半红树植物。树姿优雅，花序美丽。宜作园景树、庭荫树或滨海绿化。

印度紫檀 紫檀
Pterocarpus indicus Willd.
蝶形花科紫檀属

花期4～6月，果期7～10月

识别特征 落叶乔木，高达25米❶。羽状复叶，小叶卵形，先端渐尖，基部圆形，两面无毛，叶脉纤细❷。圆锥花序顶生或腋生，多花，被褐色短柔毛；花冠黄色，花瓣有长柄，边缘皱波状❸。荚果圆形，扁平❹。

产地分布 原产印度。我国海南、台湾、广东和云南等地多有栽培。

习性繁殖 喜高温、多湿和光照充足环境，耐旱。播种、扦插或压条繁殖。

园林用途 树性强健，成长快速。宜作行道树、园景树或庭荫树。

蝶形花科

枫香

Liquidambar formosana Hance

金缕梅科枫香树属

花期5～6月，果期7～9月

金缕梅科

识别特征 落叶乔木，高达30米①。树皮灰褐色，方块状剥落；树脂芳香。单叶互生，薄革质，阔卵形，掌状3裂，中央裂片较长，先端尾状渐尖，边缘有锯齿②③。雄性短穗状花序，雌性头状花序，无花瓣。蒴果，头状果序圆球形④；种子褐色。

产地分布 产于我国秦岭及淮河以南各地，越南北部、老挝及朝鲜南部也有分布。海南有栽培。

习性繁殖 喜光；喜温暖至冷凉气候，耐干旱，耐瘠薄。播种繁殖。

园林用途 树姿优美，叶色有明显的季相变化。宜作行道树、园景树或庭荫树。

红花檵木

Loropetalum chinense var. *rubrum* Yieh

金缕梅科檵木属

花期4～5月，果期9～10月

识别特征 常绿灌木或小乔木，高达4米❶❷。嫩枝被暗红色星状毛。叶质地较厚，互生，革质，卵形，全缘；嫩叶淡红色，老叶暗红色❸。短穗状花序，花瓣4枚，紫红色，呈带状线性❹。蒴果木质，倒卵圆状；种子长卵形，黑色。

产地分布 产于我国湖南，华南各地常见栽培。

习性繁殖 喜光，稍耐阴；耐旱，喜温暖，耐寒冷，耐瘠薄；以肥沃、湿润的微酸性土壤为佳。播种、扦插、压条或嫁接繁殖。

园林用途 枝繁叶茂，姿态优美；花开时节，满树红花。宜作庭院观赏或绿篱。

小贴士：

花语是发财、幸福、相伴一生。

金缕梅科

木麻黄

Casuarina equisetifolia Forst.

木麻黄科木麻黄属

花期2～4月，果期7～10月

识别特征 常绿乔木，高达30米❶。鳞片状叶每轮通常7枚，少为6或8枚，披针形或三角形，紧贴。花雌雄同株或异株；雄花序几无总花梗，灰褐色；雌花序通常顶生于近枝顶的侧生短枝上，红色❷。球果状果序椭圆形❸，种子有翅。同属种有千头木麻黄*C. nana*，树干直立低矮，基部分支极多❹。

产地分布 原产澳大利亚和太平洋岛屿。我国海南、广东、广西、福建、台湾等地均有栽培。

习性繁殖 喜温暖至高温环境，耐旱，耐盐碱，对土质要求不严。播种、扦插或压条繁殖。

园林用途 树冠塔形，枝叶青翠。宜作行道树、园景树或防风林。

木麻黄科

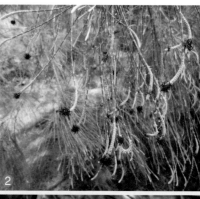

见血封喉 箭毒木、加布

Antiaris toxicaria Lesch.

桑科见血封喉属

花期3～4月，果期5～6月

识别特征 常绿乔木，高达40米❶。具明显板根❷。叶椭圆形至倒卵形，幼时被浓密的长粗毛，成长之叶长椭圆形，先端渐尖，表面深绿色，疏生长粗毛，背面浅绿色，密被长粗毛，沿中脉更密❸。雄花序头状，雌花单生。核果成熟鲜红至紫红色❹。

产地分布 产于海南、广东、广西、云南，南亚和东南亚也有分布。

习性繁殖 喜温暖、湿润和阳光充足环境。播种繁殖。

园林用途 树体高大，板根发达，抗风力强。宜作园景树或庭荫树。

小贴士：

世界上最毒的树，其树汁洁白，奇毒无比；古时候常常被用于战争或狩猎。同时也是一种药用植物，有强心作用；披纤维亦可制作床上褥垫、衣服或筒裙。

桑科

面包树 面包果树

Artocarpus communis J. R. Forst. & G. Forst.

桑科波罗蜜属

花期4~6月，果期5~8月

识别特征 常绿乔木，高达15米❶。叶大，互生，厚革质，卵形至卵状椭圆形，成熟之叶羽状深裂❷。花序单生叶腋，雄花序长圆筒形至长椭圆形或棒状，黄色；雄花花被管状。聚花果倒卵圆形或近球形，绿色至黄色，成熟褐色至黑色❸❹；核果椭圆形至圆锥形。

产地分布 原产太平洋群岛及印度、菲律宾。我国南方有栽培。

习性繁殖 喜强光；喜温暖、湿润环境。播种、扦插或压条繁殖。

园林用途 树形美观，叶果俱大。宜作行道树、园景树或庭院观赏。

小贴士：

一种木本粮食植物，果实烹煮后风味类似面包，故名之。

桑科

波罗蜜 菠萝蜜、树波罗、木波罗

Artocarpus heterophyllus Lam.

桑科波罗蜜属

花期3～8月，果期6～11月

识别特征 常绿乔木，高达20米❶。老树常有板状根。叶革质，螺旋状排列，椭圆形或倒卵形，先端钝或渐尖，基部楔形❷。花雌雄同株，花序生老茎或短枝上。聚花果椭圆形至球形，或不规则形状，幼时浅黄色，成熟时黄褐色❸；核果长椭圆形。同属种有胭脂 *A. tonkinensis*，树皮褐色；叶背密被微柔毛，叶脉在叶背十分明显❹。

产地分布 原产印度。现世界热带地区广泛栽培，我国海南、广东、广西、云南等地常有栽培。

习性繁殖 喜光；喜温热气候；喜深厚肥沃土壤，忌积水。播种、嫁接或压条繁殖。

园林用途 树冠茂密，产果量多。宜作行道树、园景树或庭院观赏。

桑科

高山榕 鸡榕、大青树

Ficus altissima Bl.

桑科榕属

花期3～4月，果期5～7月

桑科

识别特征 常绿大乔木，高达30米❶。叶厚革质，广卵形至广卵状椭圆形，先端钝，基部宽楔形，全缘，两面光滑。榕果成对腋生，成熟时红色或带黄色，顶部脐状凸起；雄花散生榕果内壁；雌花无柄。瘦果表面有瘤状凸体❷。相近种有枕果榕 *F. drupacea*，叶长卵形，中部最宽，侧脉粗大，背面突起很高；幼枝具毛；榕果成对腋生，成熟时橙红至鲜红色❸。

栽培种有斑叶高山榕（富贵榕、花叶高山榕）'Variegata'，叶片边缘具有金黄色斑块❹。

产地分布 产于我国华南、西南地区。世界热带和亚热带地区多有栽培。

习性繁殖 喜高温、多湿环境，耐干旱瘠薄，抗风，抗大气污染，生长迅速。播种或扦插繁殖。

园林用途 树冠广阔，树姿稳健壮观。宜作行道树、园景树或庭荫树。

大果榕 馒头果、大无花果

Ficus auriculata Lour.

桑科榕属

花期8月至翌年3月，果期5～8月

识别特征 常绿小乔木，高达10米❶。叶互生，厚纸质，广卵状心形，先端钝，具短尖，基部心形，稀圆形，边缘具整齐细锯齿❷。榕果簇生于树干基部或老茎短枝上，大而梨形或扁球形至陀螺形，成熟脱落，红褐色。榕果成熟味甜可食❸❹。

产地分布 产于海南、广西、云南、贵州、四川等地，印度、越南、巴基斯坦也有分布。

习性繁殖 喜高温、潮湿环境，栽培以富含有机质的腐质壤土为宜。播种或扦插繁殖。

园林用途 果大而色艳，微甜多汁。宜作园景树或庭院观赏。

小贴士：

榕属植物的果实为隐花果，因花生长于果实（肉质壶形花序托）内壁，需将果实切开后方能看到，故又称"无花果"。

桑科

垂叶榕

Ficus benjamina L.

桑科榕属

花期8～11月

识别特征 常绿大乔木，高达20米❶。小枝下垂。叶薄革质，卵形至卵状椭圆形，先端短渐尖，基部圆形或楔形，全缘❷。榕果成对或单生叶腋，球形或扁球形，光滑，熟时红色至黄色；雄花、瘿花、雌花同生于一榕果内。瘦果卵状肾形❸。栽培种有花叶垂榕'Variegata'，叶面及叶缘具乳白色或黄白色斑块❹。

产地分布 产于海南、广东、广西、云南、贵州等地，南亚、东南亚至澳大利亚北部也有分布。

习性繁殖 喜光，喜高温、多湿环境；抗风，耐贫瘠，抗大气污染，不耐干旱。扦插、压条或嫁接繁殖。

园林用途 绿叶青翠，典雅飘逸。宜作行道树、庭荫树或绿篱。

柳叶榕 亚里垂榕

Ficus binnendijkii 'Alii'

桑科榕属

花期8～11月

识别特征 常绿小乔木，高达6米❶❷。叶互生，下垂，线状披针形，革质，长达25厘米，先端具细尖，主脉显著，淡红色，成长叶亮绿色；幼叶呈褐红色或黄褐色❸。隐头花序。果球形，熟后黑色❹。

产地分布 原产东南亚热带雨林。我国华南地区常见栽培。

习性繁殖 喜高温、高湿环境。扦插繁殖。

园林用途 树形优雅，长叶下垂。宜作行道树、园景树或庭院观赏。

桑科

印度榕 印度胶榕、橡皮树

Ficus elastica Roxb. ex Hornem.

桑科榕属

花期11月

桑科

识别特征 常绿乔木，高达30米❶。叶厚革质，长圆形至椭圆形，先端急尖，基部宽楔形，全缘，表面深绿色，光亮，背面浅绿色；托叶膜质，深红色❷。榕果成对生于已落叶枝的叶腋，卵状长椭圆形，黄绿色；雄花、瘿花、雌花同生于榕果内壁。瘦果卵圆形。栽培种有紫叶橡皮树'Decora Burgundy'，叶全为紫色❸；锦叶橡胶榕'Doescheri'，叶缘具不规则浅黄色块斑，中间有灰色斑点❹。

产地分布 原产印度及马来半岛一带。我国南方各地及四川有栽培。

习性繁殖 喜温暖、湿润环境，较耐水湿，忌干旱。扦插或压条繁殖。

园林用途 树姿雄劲，叶姿厚重。宜作行道树、园景树或庭院观赏。

对叶榕

Ficus hispida L.

桑科榕属

花果期6～7月

识别特征 常绿灌木或小乔木，高达5米❶。叶通常对生，厚纸质，卵状长椭圆形或倒卵状矩圆形，全缘或有钝齿，顶端急尖或短尖，基部圆形或近楔形，表面粗糙，被短粗毛❷。榕果腋生或生于落叶枝上，或老茎发出的下垂枝上，陀螺形，成熟黄色❸。同属种有青果榕（杂色榕）*F. variegata*，榕果基部收缩成短柄，成熟时绿色至黄色❹。

产地分布 产于海南、广东、广西、云南、贵州，南亚、东南亚至澳大利亚也有分布。

习性繁殖 喜高温、湿润环境，不耐干旱。播种或扦插繁殖。

园林用途 树形壮硕，叶簇浓绿。宜作行道树、园景树或庭院观赏。

桑科

大琴叶榕

Ficus lyrata Warb.

桑科榕属

桑科

识别特征 常绿乔木，高达10米❶。茎干直立，分枝多。叶厚革质，提琴状，两面无毛，长17～40厘米。叶缘波状，侧脉相当明显；叶柄被灰白色茸毛❷。榕果球形，单生或成对生于叶腋，绿色，直径约2厘米，具白斑❸。相近种有琴叶榕*F. pandurata*，灌木，高达2米。叶厚纸质，提琴形或倒卵形❹。

产地分布 原产非洲热带。我国南方有栽培。

习性繁殖 喜阳也耐阴；喜高温、湿润环境，耐寒性较弱。扦插或压条繁殖。

园林用途 株型美观，叶片宽大、奇特。宜作行道树、园景树或庭院观赏。

榕树 小叶榕、细叶榕

Ficus microcarpa L. f.

桑科榕属

花期5~6月，果期5~12月

识别特征 常绿大乔木，高达25米❶。叶薄革质，狭椭圆形，先端钝尖，全缘。榕果成对腋生或生于已落叶枝叶腋，成熟时黄或微红色，扁球形；雄花、雌花、瘿花同生于一榕果内。瘦果卵圆形❷。栽培种有黄金榕'Golden Leaves'，叶呈金黄色❸；变种有金钱榕var. *crassifolia*，叶厚且先端较圆❹。

产地分布 产于我国南方大部分地区。广布于世界热带、亚热带地区。

习性繁殖 喜温暖、湿润和阳光充足环境，不耐寒。播种、扦插或压条繁殖。

园林用途 树冠庞大，枝叶繁茂。宜作行道树、园景树或庭荫树。

桑科

薜荔 凉粉子、木莲

Ficus pumila L.

桑科榕属

花果期5～8月

识别特征 攀援或匍匐灌木❶。叶二型，不结果枝节上生不定根，叶卵状心形，薄革质；结果枝上无不定根，革质，卵状椭圆形❷。榕果单生叶腋，瘿花果梨形，雌花果近球形，成熟黄绿色或微红。瘦果近球形，有黏液❸❹。

产地分布 产于我国长江以南各地，日本和越南也有分布。

习性繁殖 喜光、高温环境，耐瘠薄。播种、扦插或压条繁殖。

园林用途 攀援及生存适应能力强，果实硕大。宜作庭院观赏或垂直绿化。

小贴士：

花和无花果一样，均为隐性花序。许多小花聚生在内陷的花序托内，由薜荔小蜂专门为其授粉以延续和扩大种群。薜荔可制作凉粉。

菩提树 菩提榕、思维树

Ficus religiosa L.

桑科榕属

花期3～4月，果期5～6月

识别特征 落叶大乔木，高达25米❶❷。叶革质，三角状卵形先端骤尖，顶部延伸为尾状，基部宽截形至浅心形，全缘或为波状，基生叶脉三出❸。榕果球形至扁球形，成熟时红色，光滑；雄花、瘿花和雌花生于同一榕果内壁❹。

产地分布 原产印度、缅甸和斯里兰卡等地。我国南方有栽培。

习性繁殖 喜高温、高湿和光照充足环境，不耐霜冻。播种、扦插或压条繁殖。

园林用途 树冠广阔，树姿及叶形优美别致，富热带色彩。宜作行道树、园景树或庭院观赏。

小贴士：

"菩提"意为觉悟、智慧。佛祖释迦牟尼即是在此树下"成道"。

桑科

笔管榕 笔管树

Ficus subpisocarpa Gagnep.

桑科榕属

花期4～6月，果期5～10月

识别特征 落叶乔木，高达9米❶。小枝淡红色，无毛。叶互生或簇生，近纸质，无毛，椭圆形至长圆形，边缘全缘或微波状❷。榕果单生，或成对，或簇生于叶腋，或生无叶枝上，扁球形，成熟时紫黑色；雄花、瘿花、雌花生于同一榕果内❸❹。

产地分布 产于海南、台湾、福建、浙江、云南等地，东南亚也有分布。

习性繁殖 喜阳也能耐阴；喜温暖、湿润环境，不耐寒。扦插繁殖。

园林用途 树姿雄伟，浓郁蔽地。宜作行道树、园景树或庭荫树。

桑科

斜叶榕

Ficus tinctoria subsp. *gibbosa* (Bl.) Corner

桑科榕属

花果期6～7月

识别特征 常绿乔木或附生，高达8米❶❷。叶革质，变异很大，卵状椭圆形或近菱形，两则极不相等，在同一树上有全缘的也有具角棱和角齿的，大小幅度相差很大，干后黄绿色❸。榕果球形或梨形，金黄色❹。

产地分布 产于海南、台湾、广西、贵州、云南、西藏、福建，东南亚也有分布。

习性繁殖 对环境的适应力极强，能生长于各种环境条件下。扦插繁殖。

园林用途 树姿雄伟，浓郁蔽地，叶形奇特。宜作园景树或庭荫树。

桑科

黄葛树 黄葛榕、绿黄葛树

Ficus virens Aiton

桑科榕属

花期5～8月，果期8～11月

桑科

识别特征 落叶或半落叶乔木，高达20米❶❷。叶薄革质或皮纸质，卵状披针形至椭圆状卵形，先端短渐尖，基部钝圆或楔形至浅心形，全缘❸。榕果单生或成对腋生或簇生于已落叶枝叶腋，球形，成熟时紫红色。雄花、瘿花、雌花生于同一榕果内❹。

产地分布 产于我国长江以南各地，南亚、东南亚至澳大利亚也有分布。

习性繁殖 喜温暖、高温、湿润环境，耐旱而不耐寒。播种、扦插或压条繁殖。

园林用途 枝叶茂密，秋冬季节叶片变黄。宜作行道树、园景树或庭荫树。

鹊肾树 鸡子

Streblus asper Lour.

桑科鹊肾树属

花期2～4月，果期5～6月

识别特征 常绿乔木或灌木，高达10米❶。叶革质，椭圆状倒卵形或椭圆形，先端钝或短渐尖，全缘或具不规钝锯齿，基部钝或近耳状，两面粗糙❷。花雌雄异株或同株；雄花序头状，单生或成对腋生❸。核果近球形，成熟时黄色，不开裂❹。

产地分布 产于海南、广东、广西、云南，南亚和东南亚也有分布。

习性繁殖 喜光；喜温暖、湿润环境。播种或扦插繁殖。

园林用途 树形美观，枝叶紧凑，叶形奇特。宜作园景树、庭院观赏或绿篱。

桑科

花叶冷水花 花叶荨麻、金边山羊血

Pilea cadierei Gagnep. et Guill.

荨麻科冷水花属

花期9～11月

荨麻科

识别特征 多年生草本或半灌木，高达40厘米❶❷。具匍匐根茎，茎肉质，叶多汁，干时变纸质，倒卵形，先端骤凸，边缘具浅牙齿或啮蚀状，上面深绿色，中央有2条（有时在边缘也有2条）间断的白斑❸。花雌雄异株；雄花序头状，常成对生于叶腋；雄花倒梨形，退化雌蕊圆锥形，不明显❹。

产地分布 原产越南。我国华南地区常见栽培。

习性繁殖 耐阴；喜温暖、湿润环境；喜疏松、肥沃的砂土。扦插或分株繁殖。

园林用途 叶有美丽的白色花斑，四季常青，清新秀丽。宜作庭院观赏、地被植物或花镜。

滇刺枣 酸枣、缅枣、台湾青枣、毛叶枣

Ziziphus mauritiana Lam.

鼠李科枣属

花期8～11月，果期9～12月

识别特征 常绿乔木或灌木，高达15米❶。小枝被短柔毛，老枝紫红色，有2个托叶刺，一个斜上，另一个钩状下弯。叶纸质至厚纸质，卵形、矩圆状椭圆形，顶端圆形，边缘具细锯齿，基生三出脉❷。花绿黄色，两性，5基数，腋生二歧聚伞花序❸。核果矩圆形或球形，橙色或红色，成熟时变黑色❹。

产地分布 产于云南、四川、广东、广西，东南亚、澳大利亚及非洲也有分布。海南、福建和台湾有栽培。

习性繁殖 喜光；喜干热气候，耐涝，耐霜冻，耐盐碱。播种或扦插繁殖。

园林用途 树形美观，叶果均美；开花繁多，花期甚长，花蜜丰富。宜作园景树、庭荫树或庭院观赏。

鼠李科

锦屏藤 一帘幽梦

Cissus sicyoides L.

葡萄科白粉藤属

花果期夏秋季

葡萄科

识别特征 多年生常绿草质藤本❶。枝条纤细，具卷须；单叶互生，长心形，叶缘有锯齿，具长柄❷。气生根，红褐色，具金属光泽、不分枝、细长。聚伞花序，淡绿白色❸。果近球形，成熟后紫黑色❹。

产地分布 原产热带美洲。我国华南地区有栽种。

习性繁殖 喜光，稍耐阴；耐旱，耐高温，排水需良好。扦插或压条繁殖。

园林用途 气生根红褐色且细长，犹如一道道垂帘，极显雅致。宜作庭院观赏或垂直绿化。

异叶爬山虎 异叶地锦、白花藤子

Parthenocissus dalzielii Gagnep.

葡萄科地锦属

花期5~7月，果期7~11月

识别特征 木质藤本❶。多分枝，有卷须和气生根，卷须顶端有吸盘❷。两型叶，着生在短枝上常为3小叶，较小的单叶常着生在长枝上，叶为单叶者叶片卵圆形❸❹。花序假顶生于短枝顶端，形成多歧聚伞花序，淡黄色。果实近球形，成熟时紫黑色。

产地分布 产于我国中南部等地。

习性繁殖 喜光也耐阴；抗寒也耐热，对土壤要求不严。播种、扦插或压条繁殖。

园林用途 蔓茎纵横，叶密色翠，春季幼叶、秋季霜叶或红或橙色。宜作庭院观赏或垂直绿化。

葡萄科

黄皮 黄弹

Clausena lansium (Lour.) Skeels

芸香科黄皮属

花期1～3月，果期6～8月

识别特征 常绿小乔木，高达12米❶。叶有香味，小叶5～11片，小叶卵形或卵状椭圆形，常一侧偏斜，基部近圆形或宽楔形，两侧不对称，边缘波浪状或具浅的圆裂齿❷。圆锥花序顶生，白色小花，有香味；花萼裂片阔卵形，外面被短柔毛，花瓣长圆形，两面被短毛或内面无毛❸。果圆形、椭圆形或阔卵形，淡黄至暗黄色❹。

产地分布 原产我国南部。海南、台湾、福建、广东、广西、贵州南部、云南及四川金沙江河谷均有栽培。世界热带及亚热带地区有引种。

习性繁殖 喜温暖、湿润和阳光充足环境；对土壤要求不严。播种或嫁接繁殖。

园林用途 枝叶繁茂，果实累累，品种众多。宜作园景树或庭院观赏。

九里香

Murraya exotica L.

芸香科九里香属

花期4～8月，果期9～12月

识别特征 常绿小乔木，高达8米❶。小叶倒卵形成倒卵状椭圆形，两侧常不对称，顶端圆或钝，基部短尖。花序通常顶生，或顶生兼腋生，花圆锥状聚伞花序；花白色，芳香❷。果橙黄至朱红色，阔卵形或椭圆形❸。同属种有翼叶九里香*M. alata*，叶轴有翼叶，聚伞花序腋生❹。

产地分布 产于海南、台湾、福建、广东、广西等省区。我国华南地区广泛栽培。

习性繁殖 喜光；喜温暖、湿润环境，不耐干旱；对土壤要求不严。播种、嫁接或压条繁殖。

园林用途 树姿秀雅，枝干苍劲，花香怡人。宜作园景树、庭院观赏或绿篱。

芸香科

胡椒木

Zanthoxylum piperitum DC.

芸香科花椒属

花期4～5月，果期9～10月

芸香科

识别特征 常绿灌木，高达90厘米❶❷。奇数羽状复叶，叶基有短刺2枚，叶轴有狭翼，小叶对生，倒卵形，革质，叶面浓绿富光泽，全叶密生腺体❸。雌雄异株，雄花黄色，雌花橙红色❹。果实椭圆形，红褐色。

产地分布 原产日本、韩国。我国长江以南各地有栽培。

习性繁殖 喜光；喜温暖至高温环境。播种、扦插或压条繁殖。

园林用途 浓绿细致，质感佳，并能散发香味。宜作庭院观赏或绿篱。

小叶米仔兰

Aglaia odorata var. *microphyllina* C. DC.

楝科米仔兰属

花期5～12月，果期7月至翌年3月

识别特征　常绿灌木或小乔木，高达5米❶❷。叶轴和叶柄具狭翅，有小叶5～7片；小叶对生，厚纸质，先端钝，基部楔形❸。圆锥花序腋生，花芳香，黄色，长圆形或近圆形❹。浆果，卵形或近球形，熟后红色。

产地分布　产于我国华南、西南各地，东南亚也有分布。我国南方常见栽培。

习性繁殖　喜温暖、湿润环境，不耐寒，喜富含腐殖质的壤土。扦插或压条繁殖。

园林用途　树姿秀丽，花清雅芳香。宜作园景树、庭院观赏或绿篱。

小贴士：

在《Flora of china》中已归并于米仔兰*A. odorata* Lour.。

楝科

印楝 印度楝

Azadirachta indica A. Juss.

楝科印楝属

花期4～6月，果期7～9月

识别特征 常绿乔木，高达20米❶。偶数或奇数羽状复叶，对生，基部偏斜，向内弯曲呈镰刀形，叶缘有不规则锯齿❷。圆锥花序生于叶腋，花两性，辐射对称，白色，有香味❸。核果，椭圆形或长椭圆形，成熟时变软呈黄色❹。

产地分布 原产印度和缅甸，热带地区有引种。我国华南、西南各地有栽培。海南海口、儋州等地有栽培。

习性繁殖 喜温暖、湿润环境，不耐霜冻、盐碱和水淹，耐瘠薄，对土壤要求不严。播种或扦插繁殖。

园林用途 树形高大优美，根深叶茂，生长迅速。宜作行道树、园景树或庭荫树。

麻楝

Chukrasia tabularis A. Juss.

楝科麻楝属

花期4~5月，果期7月至翌年1月

识别特征 落叶大乔木，高达25米❶。叶通常为偶数羽状复叶，无毛，小叶10~16枚；小叶互生，纸质，卵形至长圆状披针形，先端渐尖，基部圆形，偏斜❷。圆锥花序顶生，花瓣黄色或略带紫色，芳香，长圆形❸。蒴果灰黄色或褐色❹。

产地分布 产于我国南部各地，亚洲热带也有分布。海南有栽培。

习性繁殖 喜光；喜湿润、疏松、肥沃的壤土，不耐寒。播种繁殖。

园林用途 树姿雄伟，树冠浓绿苍翠。宜作行道树、园景树或庭荫树。

楝科

非洲楝 塞楝、非洲桃花心木

Khaya senegalensis (Desr.) A. Juss.

楝科非洲楝属

花果期4～6月

棟科

识别特征 落叶或半常绿乔木，高达20米❶。树皮呈鳞片状开裂❷。叶互生，小叶近对生或互生，顶端2对小叶对生，长圆形或长圆状椭圆形，下部小叶卵形，先端短渐尖或急尖❸。圆锥花序顶生或腋上生，花小，黄绿色❹。蒴果球形，成熟时开裂，果壳厚。

产地分布 原产非洲热带地区和马达加斯加。我国华南各地有栽培。

习性繁殖 喜光；喜温暖至高温、湿润环境，抗风较强。播种或扦插繁殖。

园林用途 枝叶繁茂，树姿挺拔秀丽，树冠广阔。宜作行道树、园景树或庭荫树。

苦楝 楝、楝树

Melia azedarach L.

楝科楝属

花期2~4月，果期10~12月

识别特征 落叶乔木，高达10米❶。叶为二至三回奇数羽状复叶，小叶对生，卵形、椭圆形至披针形，先端短渐尖，基部楔形或宽楔形，边缘有钝锯齿❷。圆锥花序，花芳香，花瓣淡紫色，倒卵状匙形❸。核果球形至椭圆形❹。

产地分布 产于我国黄河以南各地。广布于亚洲热带和亚热带地区，温带地区也有栽培。

习性繁殖 喜光；喜温暖、湿润环境，较耐寒，耐干旱、瘠薄。播种或扦插繁殖。

园林用途 树冠开展，叶姿优美，花美芳香。宜作行道树、园景树或庭荫树。

楝科

大叶桃花心木 洪都拉斯红木

Swietenia macrophylla King

棟科桃花心木属

花期3～4月，果期11月至翌年4月

识别特征 落叶乔木，高达25米❶❷。树皮纵向开裂。一回羽状复叶，对生，小叶3～7对，革质，卵形或卵状披针形，全缘，先端长渐尖，基部偏斜❸。圆锥花序腋生，花萼浅杯状，花瓣白色，具香气。蒴果木质，卵形，棕褐色❹。

产地分布 原产热带美洲，现广植于世界各地。海南有栽培。

习性繁殖 喜光，喜高温、多湿环境，不耐霜冻。播种繁殖。

园林用途 枝叶浓密，树形美观。宜作行道树、园景树或庭荫树。

小贴士：

海南大学儋州校区两院农林大道有种植作行道树，遮天蔽日，优雅壮观；冬季落叶，色彩缤纷。

棟
科

细子龙 莺哥木、假龙眼

Amesiodendron chinense (Merr.) Hu

无患子科细子龙属

花期5月，果期8～9月

识别特征 常绿乔木，高达25米❶。偶数羽状复叶，薄革质，长圆形或长圆状披针形，两侧稍不对称，边缘皱波状，有深割的锯齿，干时两面褐色，背面有时被微柔毛❷；新叶暗红❸。花序常几个丛生于小枝的顶端，间有单个腋生；花单性，花瓣白色，卵形❹。蒴果的发育果爿近球状，黑色或茶褐色。

产地分布 产于海南及云南南部等地，海南各地常见栽培。

习性繁殖 喜温暖、湿润环境；喜土壤肥沃、排水良好。播种繁殖。

园林用途 枝叶浓密，树形美观，新叶暗红。宜作行道树、园景树或庭荫树。

小贴士：

木材坚硬，耐腐蚀，不受虫蛀，为一级硬木。种子有毒。

无患子科

龙眼 桂圆、羊眼果树

Dimocarpus longan Lour.

无患子科龙眼属

花期2～4月，果期7～8月

无患子科

识别特征 常绿乔木，高达10米❶。具板根；树皮粗糙，薄片状剥落。偶数羽状复叶互生，小叶薄革质，长圆状椭圆形至长圆状披针形，两侧常不对称❷。花序大型，多分枝，顶生和近枝顶腋生，密被星状毛；花瓣乳白色，披针形，与萼片近等长❸。果近球形，通常黄褐色或有时灰黄色❹；种子茶褐色，光亮。

产地分布 产于我国西南部至东南部。亚洲南部和东南部常有栽培。

习性繁殖 喜高温、多湿环境，耐旱，不耐寒。播种或嫁接繁殖。

园林用途 株型茂密，果实繁多。宜作行道树、园景树或庭荫树。

小贴士：

与荔枝、香蕉*Muse acuminata*、菠萝*Ananas comosus*一同号称"南国四大果品"。

荔枝 离枝

Litchi chinensis Sonn.

无患子科荔枝属

花期春季，果期夏季

识别特征 常绿乔木，高达15米❶。树皮灰黑色，光滑❷。偶数羽状复叶互生，小叶薄革质或革质，披针形或卵状披针形，有时长椭圆状披针形，顶端骤尖或尾状短渐尖，全缘，有光泽。圆锥花序顶生；花小，绿白色或淡黄色，杂性❸。核果卵圆形至近球形，成熟时通常暗红色至鲜红色❹；种子全部被肉质假种皮包裹。

产地分布 原产我国西南部、南部和东南部。亚洲东南部、非洲、美洲和大洋洲都有引种栽培。

习性繁殖 喜光；喜高温、高湿环境。播种或压条繁殖。

园林用途 树形开阔，枝叶繁茂，果色红艳。宜作行道树、园景树或庭荫树。

小贴士：

与龙眼明显的区别在于其树皮光滑，而龙眼树皮粗糙。

无患子科

红毛丹 毛荔枝、毛龙眼

Nephelium lappaceum L.

无患子科韶子属

花期夏季，果期秋季

识别特征 常绿乔木，高达10米❶。小叶2或3对，很少1或4对，薄革质，椭圆形或倒卵形，顶端钝或微圆，基部楔形，全缘❷。花序常多分枝，与叶近等长或更长，被锈色短绒毛；花梗短；萼革质，裂片卵形，被绒毛；无花瓣❸。果阔椭圆形，具果刺，红黄色❹。

产地分布 原产亚洲热带，分布于马来西亚、菲律宾、泰国等地。我国海南、广东、台湾等地有栽培。

习性繁殖 喜高温、多湿环境，不耐旱；喜土层深厚、富含有机质、排水和通气良好的土壤。播种、嫁接或压条繁殖。

园林用途 树形美观，果实红艳奇特。宜作园景树或庭院观赏。

无患子科

人面子 人面树

Dracontomelon duperreanum Pierre

漆树科人面子属

花期5～6月，果期8～9月

识别特征 常绿大乔木，高达20米❶。板根明显❷。奇数羽状复叶，有小叶5～7对，叶轴和叶柄具条纹；小叶互生，近革质，长圆形，自下而上逐渐增大，先端渐尖，基部常偏斜❸。圆锥花序顶生或腋生，花白色。核果扁球形，熟时黄色❹。

产地分布 产于海南、广东、广西及云南，越南也有分布。

习性繁殖 喜光；喜高温、多湿环境；喜湿润肥沃酸性土壤，萌芽力强。播种或扦插繁殖。

园林用途 树形美观、宽广浓绿，树干通直。宜作行道树、园景树或庭荫树。

小贴士：
因其果实为圆形，表面有5个软刺，果内有扁的硬核，果核的表面有5个大小不同的眼，形态酷似人脸，故称"人面子"。

漆树科

厚皮树

Lannea coromandelica (Houtt.) Merr.

漆树科厚皮树属

花期3～4月，果期4～5月

识别特征 落叶乔木，高达10米❶。树皮灰白色，厚，小枝密被锈色星状毛。奇数羽状复叶常集生小枝顶端，小叶膜质或薄纸质，卵形或长圆状卵形，干后叶面变暗褐色❷。花小，黄色或带紫色，排列成顶生分枝或不分枝的总状花序❸。核果卵形，熟时紫红色❹。

产地分布 产于海南、广东、广西、云南，中南半岛、印度至印度尼西亚也有分布。

习性繁殖 喜温暖、湿润环境。播种繁殖。

园林用途 树冠伞状，果色红艳；秋色叶树种。宜作行道树、园景树或庭荫树。

漆树科

❶

❷

❸

❹

杜果 芒果、马蒙、抹猛果

Mangifera indica L.

漆树科杜果属

花期12月至翌年3月，果期4～7月

识别特征 常绿大乔木，高达20米❶。叶薄革质，常集生枝顶，叶形和大小变化较大，通常为长圆形或长圆状披针形，先端渐尖或急尖，边缘皱波状❷。圆锥花序，多花密集；花小，杂性，黄色或淡黄色❸。核果大，肾形（栽培品种其形状和大小变化极大），成熟时黄色❹；中果皮肉质，肥厚，鲜黄色，味甜，果核坚硬。

产地分布 产于海南、云南、广西、广东、福建、台湾等地，分布于印度、孟加拉国、中南半岛和马来西亚。

习性繁殖 喜光；喜高温、多湿环境，抗风。播种或嫁接繁殖。

园林用途 树冠球形，嫩叶褐色，果实金黄。宜作行道树、园景树或庭院观赏。

漆树科

❶

❷

❸

❹

毛八角枫 长毛八角枫

Alangium kurzii Craib

八角枫科八角枫属

花期4～6月，果期9月

八角枫科

识别特征 落叶小乔木，稀灌木，高达10米❶。叶互生，纸质，近圆形或阔卵形，顶端长渐尖，基部心脏形或近心脏形，稀近圆形，倾斜❷。聚伞花序，初白色，后变淡黄色；药隔有长柔毛❸❹。核果椭圆形或矩圆状椭圆形，熟后黑色。

产地分布 我国除北部、东北、西北以外，其他地区均有分布；东南亚也有分布。

习性繁殖 喜温暖、湿润环境；喜肥沃、疏松且排水良好的土壤。播种繁殖。

园林用途 树形优美，盛花期极为壮美。宜作园景树或庭院观赏。

土坛树 割舌罗

Alangium salviifolium (L. f.) Wangerin

八角枫科八角枫属

花期2～4月，果期4～7月

识别特征 落叶乔木或灌木，稀攀援状，高达8米❶。叶厚纸质或近革质，倒卵状椭圆形或倒卵状矩圆形，顶端急尖而稍钝，全缘❷。聚伞花序腋生，常花叶同时开放，花白色至黄色，有浓香味❸。核果卵圆形或椭圆形，幼时绿色，成熟时由红色至黑色❹。

产地分布 产于海南、广东、广西，东南亚、南亚、非洲东南部也有分布。海南大学、金牛岭公园等地有栽种。

习性繁殖 喜高温、湿润环境，不耐寒。播种繁殖。

园林用途 树形优美，枝叶繁茂，花香浓郁，果实繁多。宜作行道树、园景树或庭院观赏。

小贴士：

果实味道甜美，可直接食用，但不宜多食。

八角枫科

幌伞枫 罗伞枫

Heteropanax fragrans (Roxb.) Seem.

五加科幌伞枫属

花期10～12月，果期翌年2～3月

五加科

识别特征 常绿乔木，高达30米❶。叶大，三至五回羽状复叶，小叶片在羽片轴上对生，纸质，椭圆形，先端短尖，基部楔形❷。圆锥花序顶生，主轴及分枝密生锈色星状绒毛，后毛脱落；伞形花序头状，花淡黄白色，芳香❸。果实卵球形，黑色❹。

产地分布 产于海南、云南、广东、广西。华南地区有栽培；南亚至东南亚也有分布。

习性繁殖 喜光，耐阴；喜温暖、湿润环境，不耐寒。播种或扦插繁殖。

园林用途 树冠圆整，形如罗伞。宜作行道树、园景树或庭院观赏。

羽叶南洋参 羽叶福禄桐、羽叶南洋森、线叶南洋森

Polyscias fruticosa (L.) Harms

五加科南洋参属

花果期夏秋季

识别特征 常绿灌木，高达3米❶。叶为不整齐羽状复叶，小叶狭长披针形，侧枝多下垂，树冠呈伞状，颇美观。枝和茎纤细而柔韧，新生长部分有明显皮孔❷。伞形花序圆锥状，花小且多❸。果实为浆果状❹。

产地分布 产于我国南海诸岛和亚洲热带地区。我国南方有栽培。

习性繁殖 喜温暖、潮湿、半阳或光线充足环境。扦插繁殖。

园林用途 叶形多变，叶色碧绿。宜作庭院观赏或绿篱。

五加科

银边圆叶南洋参

Polyscias scutellaria 'Marginata'

五加科南洋参属

花期夏季，果期秋季

五加科

识别特征 常绿灌木或小乔木，高达2米❶。羽状复叶，小叶近圆形，具银白边❷。花极小，伞形或头状花序，花梗有节。原变种圆叶南洋参（圆叶福禄桐）P. scutellaria，叶近圆形，叶面绿色❸；相近种有银边南洋参（镶边南洋参）P. guilfoylei var. laciniata，叶椭圆形，边缘银白色❹。

产地分布 原产马达加斯加至太平洋群岛。我国南方有栽培。

习性繁殖 耐半阴，喜温暖、湿润和阳光充足环境，不耐寒，怕干旱。扦插繁殖。

园林用途 茎干挺拔，叶片鲜亮多变。宜作绿篱或庭院观赏。

澳洲鸭脚木 辐叶鹅掌柴、昆士兰伞树、伞树

Schefflera actinophylla (Endl.) Harms

五加科鹅掌柴属

花期6～9月，果期冬季

识别特征 常绿乔木，高达5米❶。掌状复叶，具长柄，丛生于枝条先端。小叶数随树木的年龄而异，幼年时4～5片，长大时5～7片，至乔木状时可多达16片。小叶长椭圆形，叶缘波状❷。圆锥状花序，花小，淡黄色❸❹。果实球形而生纵沟，无毛。

产地分布 原产大洋洲及巴布亚新几内亚。我国华南等地有栽培。

习性繁殖 喜光；喜温暖、湿润、通风良好环境。播种或扦插繁殖。

园林用途 叶片阔大，柔软下垂，形似伞状，株型优雅轻盈。宜作园景树或庭院观赏。

五加科

鹅掌藤　七加皮、狗脚蹄

Schefflera arboricola Hay.

五加科鹅掌柴属

花期7月，果期8月

五加科

识别特征　常绿藤状灌木，高达3米❶。叶有小叶7～9枚，稀5～6枚或10枚；小叶片革质，倒卵状长圆形或长圆形，先端急尖或钝形，稀短渐尖，基部渐狭或钝形，边缘全缘。圆锥花序顶生，伞形花序十几个至几十个总状排列在分枝上；花白色❷。浆果圆球形，熟后红色❸。栽培种有花叶鹅掌藤'Variegata'，叶缘具不规则乳黄色至浅黄色斑块❹。

产地分布　产于海南、广东、广西及台湾等地。我国华南地区广为栽培。

习性繁殖　宜半阴，忌强光直射；喜温暖、湿润环境。播种、扦插或压条繁殖。

园林用途　株型优美，叶形奇特。宜作绿篱或庭院观赏。

孔雀木 手树

Schefflera elegantissima Lowry & Frodin

五加科鹅掌柴属

花期1月

识别特征 常绿灌木或小乔木，高达4米❶。少分枝，嫩茎及叶柄有乳白色斑点❷。叶互生，掌状复叶，小叶7～11片，条状披针形，先端渐尖，基部渐狭，形似指状，边缘有锯齿或羽状分裂，幼叶紫红色，后成深绿色❸❹；叶脉褐色，总叶柄细长。复伞状花序腋生，花黄绿色。

产地分布 原产波利尼西亚、澳大利亚等地。我国南方有栽培。

习性繁殖 喜光，稍耐阴，忌阳光直射；喜温暖、多湿环境，不耐寒。播种、扦插或压条繁殖。

园林用途 树形和叶形优美，掌状复叶紫红色，小叶羽片分裂，非常雅致。宜作园景树或庭院观赏。

五加科

锦绣杜鹃 毛杜鹃、鲜艳杜鹃

Rhododendron pulchrum Sweet

杜鹃花科杜鹃花属

花期4～5月，果期9～10月

识别特征 半常绿灌木，高达2.5米❶。叶薄革质，椭圆状长圆形至椭圆状披针形或长圆状倒披针形❷。花芽卵球形，鳞片外面沿中部具淡黄褐色毛。伞形花序顶生；花冠玫瑰紫色，阔漏斗形，具深红色斑点❸。蒴果长圆状卵球形。同属种有西洋杜鹃*R. hybridum*，花瓣重瓣，玫瑰红、粉红等多种颜色❹。

产地分布 产于长江流域及以南各地。海南有栽培，海口观澜湖、金牛岭公园以及海南中部市县等地有种植。

习性繁殖 喜半阴；喜温暖湿润环境，较耐寒。播种、扦插或压条繁殖。

园林用途 著名的木本花卉，栽培变种和品种繁多。枝叶繁茂，树冠成球，盛花期花团锦簇，万紫千红，璀璨夺目。宜作庭院观赏或花境。

异色柿 台湾柿、毛柿、牛油柿

Diospyros philippensis (Desr.) Gurke

柿树科柿树属

花期3～5月，果期9月

识别特征 常绿大乔木，高达10米❶。小枝嫩时绿色，有绢毛，后来灰色，无毛。叶革质，通常长圆形或椭圆状长圆形，先端渐尖，叶下面幼时有绢毛或伏柔毛，变无毛❷。花雌雄异株，黄白色，芳香，花序腋生，密被绢毛；聚伞花序式或近总状花序式，有花3～7朵，极少单生❸。果无柄，扁球形，密被锈色或带黄色或灰色皱曲长柔毛，熟时红色或桃红色❹；种子椭圆状。

产地分布 产于我国台湾，菲律宾、印度尼西亚和亚洲热带各地也有分布。海南、广东等地有引种栽培。

习性繁殖 喜阴湿、肥沃和排水良好环境，耐旱，不耐寒。播种繁殖。

园林用途 树体高大，枝叶伸展，果色鲜艳。宜作园景树或庭荫树。

柿树科

金星果 两面派、牛奶果、星苹果

Chrysophyllum cainito L.

山榄科金叶树属

花期9～10月，果期翌年4～6月

山榄科

识别特征 常绿乔木，高达20米❶。树皮褐色，粗糙，枝叶有乳汁。叶互生，卵形或椭圆形，叶面深绿色光亮，叶背深黄色密被绒毛❷。花数朵簇生叶腋，花冠黄白色❸。果倒卵状球形，未成熟时绿色❹，具白色黏质乳汁；成熟时紫色，果肉白色，半透明胶状。

产地分布 原产热带美洲或西印度群岛，我国海南、广东、台湾、福建、云南等地有栽培。

习性繁殖 喜温暖、湿润和光照充足环境，不耐寒。播种或扦插繁殖。

园林用途 树形美观，叶背金黄，果实鲜绿。宜作庭荫树或庭院观赏。

小贴士：

果实横切，胞室自中心向四周辐射呈星状，果大如山苹果，故称"星苹果"，为一种热带果树。

蛋黄果　狮头果、仙桃

Lucuma nervosa A. DC.

山榄科蛋黄果属

花期春季，果期秋季

识别特征　常绿小乔木，高达6米❶。叶坚纸质，狭椭圆形，先端渐尖，基部楔形，两面无毛❷。花生于叶腋，花梗圆柱形，花冠淡绿色。果倒卵形，绿色转蛋黄色❸❹；种子椭圆形，压扁，黄褐色。

产地分布　原产加勒比地区和南美热带。我国海南、广东、广西、云南等地有栽培。

习性繁殖　喜温暖、多湿环境，能耐旱；对土壤适应性强，以砂壤土生长最好。播种或嫁接繁殖。

园林用途　枝繁叶茂，果形可爱。宜作园景树或庭院观赏。

小贴士：

果倒卵形，外果皮极薄，中果皮肉质，肥厚，蛋黄色，可食，味如鸡蛋黄，故名"蛋黄果"。

山榄科

长叶马府油　长叶紫荆木、长叶马胡卡

Madhuca longifolia (J. Koenig ex L.) J. F. Macbr.

山榄科紫荆木属

花期3～6月，果期5～8月

识别特征　常绿大乔木，高达18米❶。树皮灰褐色，呈小块状开裂。嫩枝浅褐色，枝叶具乳汁。单叶互生，革质，长椭圆形，先端急尖，基部楔形，全缘，上面深绿色，下面浅绿色，两面无毛；中脉在两面凸起❷。花黄白色，具香味，肉质，簇生❸。果实卵形❹。

产地分布　原产印度、斯里兰卡、缅甸、尼泊尔。我国海南、广东等地有引种栽培，现在海口、三亚等地多有种植。

习性繁殖　喜光、稍耐阴；喜温暖、湿润环境，不耐寒，耐盐碱。播种繁殖。

园林用途　树形优美，植株高大挺拔，抗风性较强。宜作行道树、园景树或庭荫树。

山榄科

伊朗紫硬胶 香榄、牛乳树

Mimusops elengi L.

山榄科香榄属

花期2～4月和7～10月，果期6～11月

识别特征 常绿乔木，高达8米❶。株体有乳汁。叶薄革质，互生，卵形或椭圆状卵形，顶端钝头，基部近圆形或微下延，光亮❷。花通常数朵簇生于叶腋，花冠白色，芳香❸。浆果卵状，有托，黄色，成熟时橙红色❹。

产地分布 原产地不明。印度、马来西亚常有栽培，海南亦有栽种。

习性繁殖 喜光；喜高温、高湿环境，适应性强。播种繁殖。

园林用途 树冠伞状，树姿优美，花有幽香。宜作行道树、园景树或庭荫树。

小贴士：

浆果长卵状，似奶牛的乳头，俗称"牛乳树"。

山榄科

人心果 吴凤柿

Manilkara zapota (L.) van Royen

山榄科铁线子属

花果期4～9月

识别特征 常绿乔木，高达20米❶。叶互生，密聚于枝顶，革质，长圆形或卵状椭圆形，先端急尖或钝，基部楔形❷。花1～2朵生于枝顶叶腋，花冠白色❸。浆果纺锤形、卵形或球形，褐色，果肉黄褐色❹；种子扁。

产地分布 原产美洲热带地区。我国海南、广东、广西、云南、福建、台湾等地有栽培。

习性繁殖 喜高温、高湿和肥沃的砂质壤土，适应性较强。播种或压条繁殖。

园林用途 枝叶繁茂，花香浓郁。宜作行道树、园景树或庭荫树。

小贴士：

果形似人的心脏，故名之。

山榄科

神秘果 变味果

Synsepalum dulcificum Denill

山榄科神秘果属

花期4月，果期9～10月

识别特征 常绿灌木或小乔木，高达6米❶。单叶互生，近对生或对生，有时密聚于枝顶，通常革质，全缘，羽状脉❷。花单生或通常数朵簇生叶腋或老枝上，常为聚伞花序，两性；花冠乳白色或乳黄色❸。浆果椭圆形，熟时红色❹。

产地分布 原产西非、加纳、刚果一带。我国海南、广东有栽培。

习性繁殖 喜高温、多湿环境；以排水良好、富含有机质、酸性砂质土壤为宜。播种、扦插或压条繁殖。

园林用途 树形美观，枝叶繁茂，果实鲜红、可爱。宜作庭院观赏。

小贴士：

其含有神秘果蛋白，可以改变人的味觉，食后再吃任何酸的食物都会变为甜味，故名"神秘果"。

山榄科

东方紫金牛 春不老

Ardisia elliptica Thunb.

紫金牛科紫金牛属

花期3～10月

识别特征 常绿灌木，高达2米❶。叶互生，叶厚，倒披针形或倒卵形，顶端钝和有时短渐尖，全缘，具平整或微弯的边缘，深绿色❷。花序具梗，亚伞形花序或复伞房花序，近顶生或腋生于特殊花枝的叶状苞片上；花粉红色至白色；萼片圆形，花蕾时呈覆瓦状排列❸。果红色至紫黑色，具极多的小腺点，新鲜时多少肉质❹。

产地分布 产于我国海南、台湾。日本、马来西亚至菲律宾有栽培；我国南方地区有栽培。

习性繁殖 耐阴；喜高温、高湿环境，耐风，抗瘠；以砂质土壤为宜。播种或扦插繁殖。

园林用途 叶簇翠绿，花没果多。宜作庭院观赏或绿篱。

紫金牛科

灰莉 非洲茉莉

Fagraea ceilanica Thunb.

马钱科灰莉属

花期4～8月，果期7月至翌年3月

识别特征 常绿灌木或乔木，高达15米❶。叶片稍肉质，干后变纸质或近革质，椭圆形、卵形、倒卵形或长圆形，叶面深绿色，干后绿黄色❷。花单生或组成顶生二歧聚伞花序；花萼绿色，花冠白色，芳香❸。浆果卵状或近圆球状❹。

产地分布 产于海南、台湾、广东、广西和云南等地，南亚以及东南亚也有分布。

习性繁殖 喜光，耐阴；耐旱，耐寒力强；对土壤要求不严。播种、扦插、压条或分株繁殖。

园林用途 花大形，芳香，枝叶深绿色。宜作庭院观赏或绿篱。

马钱科

茉莉花
Jasminum sambac (L.) Ait.
木犀科素馨属

花期5～8月，果期7～9月

识别特征 常绿直立或攀援灌木，高达3米❶。叶对生，单叶，叶片纸质，圆形、椭圆形、卵状椭圆形或倒卵形，两端圆钝，基部有时微心形❷。聚伞花序顶生，通常有花3朵，有时单花或多达5朵；花极芳香，花冠白色❸❹。果球形，呈紫黑色。

产地分布 原产印度。我国南方和世界各地广泛栽培。

习性繁殖 喜温暖、湿润环境，在通风良好、半阴的环境生长最好。扦插、压条或分株繁殖。

园林用途 叶色翠绿，花色洁白，香味浓厚。宜作庭院观赏或绿篱。

小贴士：
花语是忠贞、尊敬、清纯、贞洁、质朴、玲珑、迷人。

木犀科

凹叶女贞

Ligustrum retusum Merr.

木犀科女贞属

花期7～8月，果期12月至翌年4月

识别特征 常绿直立灌木，高达3米❶❷。枝和小枝圆柱形，浅灰褐色或浅灰黄色，具皮孔，初被微柔毛，后变无毛。叶片革质，倒卵状椭圆形、倒卵形至倒卵圆形，先端钝而微凹，基部楔形或宽楔形，光亮❸。圆锥花序着生小枝顶端❹。果近球形或椭圆形。

产地分布 产于海南儋州、昌江、乐东、三亚等地。海口、五指山等地均有栽培。

习性繁殖 喜阳光充足环境，栽培土质以排水良好的砂质壤土为佳。播种或扦插繁殖。

园林用途 夏季浓郁如盖，终年常绿，苍翠可爱。宜作绿篱或庭院观赏。

木犀科

小蜡 山指甲

Ligustrum sinense Lour.

木犀科女贞属

花期3～6月，果期9～12月

木犀科

识别特征　落叶灌木或小乔木，高达4米❶。小枝，幼时被淡黄色短柔毛或柔毛，老时近无毛。叶片纸质或薄革质，卵形至披针形，或近圆形，先端锐尖至渐尖，或钝而微凹；叶片及叶柄被短柔毛。圆锥花序顶生或腋生，塔形，花梗长1～3毫米；花白色，微芳香。果近球形❷。栽培种有银姬小蜡'Variegatum'，叶片有白色或乳黄色斑纹镶嵌❸❹。

产地分布　产于我国秦岭以南各地以及东南亚。华南各地多有栽培。

习性繁殖　喜温暖至高温环境；耐瘠薄、干旱的土壤。播种、扦插或压条繁殖。

园林用途　树冠整齐，分枝茂密，花美且香。宜作庭院观赏或绿篱。

锈鳞木犀榄 尖叶木犀榄

Olea europaea subsp. *cuspidata* (Wall. ex G. Don) Cif.

木犀科木犀榄属

花期4～8月，果期8～11月

识别特征 常绿灌木或小乔木，高达10米❶❷❸。枝灰褐色，圆柱形，粗糙，小枝密被细小鳞片。叶片革质，狭披针形至长圆状椭圆形，先端渐尖，具长凸尖头，基部渐窄，叶缘稍反卷，两面无毛或在上面中脉被微柔毛，下面密被锈色鳞片；叶柄被锈色鳞片，无毛❹。圆锥花序腋生；花序梗具棱，稍被锈色鳞片；花白色，两性。果宽椭圆形或近球形，成熟时呈暗褐色。

产地分布 产于云南。印度、巴基斯坦、阿富汗、喀什米尔等地也有分布。我国华南各地常见栽培。

习性繁殖 喜温暖、湿润环境。播种或扦插繁殖。

园林用途 枝叶紧密，小叶细长，耐修剪。宜作行道树、庭院观赏或绿篱。

木犀科

四季桂 桂花、木犀

Osmanthus fragrans (Thunb.) Lour.

木犀科木犀属

花期9～10月，果期翌年3月

识别特征 常绿乔木或灌木，高达5米❶。叶片革质，椭圆形、长椭圆形或椭圆状披针形，先端渐尖❷。聚伞花序腋生，花极芳香；花冠黄白色、淡黄色、黄色或橘红色。果歪斜，椭圆形，呈紫黑色❸❹。

产地分布 原产我国西南部，现各地广泛栽培；园艺品种众多。适宜种植在海南中部较湿冷区域。

习性繁殖 喜温暖、湿润和通风良好环境，不耐寒，忌积水。播种、扦插、嫁接或压条繁殖。

园林用途 终年常绿，枝繁叶茂，秋季开花，芳香四溢。宜作园景树、庭院观赏或绿篱。

小贴士：

我国十大名花之一，乃崇高、贞洁、荣誉、友好和吉祥的象征。凡仕途得志，飞黄腾达者谓之"折桂"。

木犀科

沙漠玫瑰 天宝花
Adenium obesum Roem. et Schult.
夹竹桃科天宝花属

花期5~12月

识别特征 落叶多肉灌木或小乔木，高达4米❶。树干肿胀，汁液有毒。单叶互生，集生枝端，倒卵形至椭圆形，全缘，先端钝而具短尖，肉质❷。花冠漏斗状，外面有短柔毛，5裂，外缘红色至粉红色，中部色浅，裂片边缘波状；顶生伞房花序❸❹。

产地分布 原产南非、东非至阿拉伯半岛。我国各地多有栽培。

习性繁殖 喜高温、干旱和阳光充足环境，不耐荫蔽，忌涝，忌浓肥和生肥。播种、嫁接、扦插或压条繁殖。

园林用途 树形古朴苍劲，根茎肥大如酒瓶状；花色多样，形似喇叭。宜作庭院观赏。

小贴士：

花语是爱你不渝。

夹竹桃科

软枝黄蝉

Allemanda cathartica L.

夹竹桃科黄蝉属

花期4～8月，果期冬季

夹竹桃科

识别特征 常绿藤状灌木，高达4米❶。乳汁有毒。叶纸质，通常3～4枚轮生，有时对生或在枝的上部互生，全缘，倒卵形或倒卵状披针形，端部短尖。聚伞花序顶生，花冠橙黄色，大型❷。蒴果球形；种子扁平，边缘膜质或具翅。栽培种有小叶软枝黄蝉'Nanus'，叶和花均较小❸；同科相近种有飘香藤（红皱藤）*Mandevilla sanderi*，藤本，叶面皱褶；花漏斗形，多为深粉红色❹。

产地分布 原产巴西。我国海南、广西、广东、福建、台湾等地均有栽培；现广泛栽培于热带地区。

习性繁殖 耐半阴，喜温暖、湿润和阳光充足环境，不耐寒，怕旱。扦插繁殖。

园林用途 花橙黄色，大而美丽。宜作庭院观赏、垂直绿化或绿篱。

黄蝉 硬枝黄蝉

Allamanda schottii Pohl

夹竹桃科黄蝉属

花期5～8月，果期10～12月

识别特征 常绿直立灌木，高达2米❶。乳汁有毒。叶3～5枚轮生，全缘，椭圆形或倒卵状长圆形，先端渐尖或急尖，叶面深绿色，叶背浅绿色。聚伞花序顶生，花冠漏斗状，橙黄色❷❸。蒴果球形，具长刺❹；种子扁平。

产地分布 原产巴西。我国海南、广西、广东、福建、台湾等地均有栽培；现广泛栽培于热带地区。

习性繁殖 喜高温、多湿和阳光充足环境，稍耐半遮阴，不耐寒冷；喜肥沃、排水良好的土壤。播种、压条或扦插繁殖。

园林用途 花黄色，大型，叶色碧绿。宜作庭院观赏或绿篱。

夹竹桃科

紫蝉 紫蝉花

Allamanda violacea Gardner

夹竹桃科黄蝉属

花期春季至秋季

夹竹桃科

识别特征 常绿藤状灌木，高达2米❶。全株有白色汁液，茎呈蔓性。叶4片轮生，长椭圆形或倒卵状披针形，具光泽❷。花腋生，漏斗状；花冠5裂，暗桃红色或淡紫红色❸❹。蓇葖果。

产地分布 原产巴西。我国华南等地有栽培。

习性繁殖 喜温暖、湿润和阳光充足环境，适合于红壤。扦插繁殖。

园林用途 花大而美丽。宜作庭院观赏或绿篱。

糖胶树 面条树

Alstonia scholaris (L.) R. Br.

夹竹桃科鸡骨常山属

花期6~10月，果期10月至翌年4月

识别特征 常绿乔木，高达20米❶。枝轮生，具乳汁。叶3~8片轮生，倒卵状长圆形、倒披针形或匙形，顶端圆形，钝或微凹，稀急尖或渐尖，基部楔形❷。花白色，多朵组成稠密的聚伞花序，顶生，被柔毛❸。蓇葖果细长，线形，灰白色；种子长圆形，红棕色。同属种有盆架子（盆架树）*A. rostrata*，叶3~4片轮生，间有对生，花果期早❹。

产地分布 原产我国广西和云南，亚洲热带地区至大洋洲也有分布。

习性繁殖 喜湿润肥沃土壤，在水边生长良好。播种或扦插繁殖。

园林用途 树形美观，枝叶常绿，果实细长如面条。宜作行道树或庭荫树。

小贴士：

乳汁丰富，可提制口香糖原料，故称"糖胶树"。

夹竹桃科

长春花 日日草

Catharanthus roseus (L.) G. Don.

夹竹桃科长春花属

花果期几乎全年

夹竹桃科

识别特征 多年生半灌木，高达60厘米❶。叶膜质，倒卵状长圆形，先端浑圆，有短尖头，基部广楔形至楔形，渐狭而成叶柄❷。聚伞花序腋生或顶生，花冠红色，高脚碟状，花冠筒圆筒状❸。蓇葖双生，直立；种子黑色，长圆状圆筒形。栽培种有白长春花'Albus'，花冠白色❹。

产地分布 原产非洲东部。我国长江以南等省区常有栽培；现栽培于各热带和亚热带地区。

习性繁殖 喜光，耐半阴；喜高温、高湿环境，不耐严寒，忌湿怕涝。播种或扦插繁殖。

园林用途 花姿柔美，花色多样悦目。宜作庭院观赏或绿篱。

海杬果 海芒果、海檬果、圣情果

Cerbera manghas L.

夹竹桃科海杬果属

花期3～10月，果期7月至翌年4月

识别特征 常绿小乔木，高达8米❶。全株具丰富乳汁。叶厚纸质，倒卵状长圆形或倒卵状披针形，顶端钝或短渐尖，基部楔形，叶面深绿色，叶背浅绿色❷。聚伞花序顶生，花白色，芳香；花冠筒圆筒形，喉部染红色，花冠裂片白色❸。核果双生或单个，阔卵形或球形，成熟时橙黄色，剧毒❹。

产地分布 产于海南、广东、广西及台湾等地，亚洲和澳大利亚热带地区也有分布。

习性繁殖 喜光；喜暖热、潮湿环境，不耐寒。播种或扦插繁殖。

园林用途 树冠美观；花多，美丽而芳香。宜作园景树或滨海绿化。

小贴士：

半红树植物。果剧毒，易与杬果混淆。

夹竹桃科

夹竹桃 红花夹竹桃

Nerium oleander L.

夹竹桃科夹竹桃属

花期几乎全年，果期冬季至翌年春季

夹竹桃科

识别特征 常绿直立大灌木，高达5米❶。叶3～4枚轮生，下枝为对生，窄披针形，顶端急尖，叶缘反卷❷。聚伞花序顶生，着花数朵；花芳香；花萼红色；花冠深红色或粉红色❸；花冠有单瓣或重瓣。蓇葖果；种子长圆形，褐色。栽培种有白花夹竹桃'Album'，花为白色❹。

产地分布 原产伊朗、印度、尼泊尔和欧洲及北美洲。现广植于世界热带地区，我国华南地区广为栽培。

习性繁殖 喜光；喜温暖、湿润环境，耐寒，耐瘠薄。扦插、分株或压条繁殖。

园林用途 花大、艳丽、花期长、有香气。宜作庭院观赏或绿篱。

红花鸡蛋花 红鸡蛋花

Plumeria rubra L.

夹竹桃科鸡蛋花属

花期3～9月，果期7～12月

识别特征 落叶小乔木，高达5米❶。叶厚纸质，长圆状倒披针形，顶端急尖，基部狭楔形，叶面深绿色❷。聚伞花序顶生，总花梗三歧，肉质；花冠深红色，花冠筒圆筒形❸。蓇葖双生，长圆形，顶端急尖，淡绿色；种子长圆形，扁平❹。

产地分布 原产南美洲。现广植于亚洲热带和亚热带地区，我国南部有栽培。

习性繁殖 喜高温、高湿和阳光充足环境，稍耐阴蔽，能耐干旱，忌涝。播种或扦插繁殖。

园林用途 花鲜红色，枝叶青绿色，树形美观。宜作园景树或庭院观赏。

夹竹桃科

鸡蛋花 白花鸡蛋花、缅栀子、蛋黄花

Plumeria rubra 'Acutifolia'

夹竹桃科鸡蛋花属

花期5～10月，果期7～12月

夹竹桃科

识别特征 落叶小乔木，高达8米❶。叶大，厚纸质，多聚生于枝顶，叶脉在近叶缘处连成一边脉。聚伞花序顶生，花冠筒状，外面乳白色，中心鲜黄色，极芳香❷。蓇葖双生，广歧，长圆形，顶端急尖❸；种子斜长圆形，扁平。同属种有钝叶鸡蛋花*P. obtusa*，叶先端圆钝❹。

产地分布 原产墨西哥。我国华南地区广为栽培。

习性繁殖 喜高温、湿润和阳光充足环境，耐寒性差。播种、嫁接、插条或压条繁殖。

园林用途 花白色黄心，芳香，叶大深绿色，树冠美观。宜作园景树或庭院观赏。

小贴士：

花语是孕育希望、复活、新生。

狗牙花

Tabernaemontana divaricata R.Br. ex Roem. & Schult.

夹竹桃科狗牙花属

花期6～11月，果期7～11月

识别特征 常绿灌木，高达3米❶。叶坚纸质，椭圆形或椭圆状长圆形，短渐尖，基部楔形，叶面深绿色，背面淡绿色❷。聚伞花序腋生，通常双生；花冠白色，重瓣❸。蓇葖果，种子长圆形。同属种有海南狗牙花*T. bufalina*，花冠白色，高脚碟状，花冠裂片向右旋转，长圆状镰刀形，基部边缘覆瓦状排列❹。

产地分布 产于云南，印度及东南亚也有分布。现广泛栽培于亚洲热带和亚热带地区，华南地区有栽培。

习性繁殖 宜半阴；喜温暖、湿润环境，不耐寒；喜肥沃排水良好的酸性土壤。播种或扦插繁殖。

园林用途 叶青翠，花朵晶莹洁白且清香俊逸。宜作庭院观赏或绿篱。

夹竹桃科

黄花夹竹桃

Thevetia peruviana (Pers.) K. Schum.

夹竹桃科黄花夹竹桃属

花期5～12月，果期8月至翌年春季

夹竹桃科

识别特征 常绿小乔木，高达5米①。全株具丰富乳汁。叶互生，近革质，无柄，线形或线状披针形，两端长尖，光亮，全缘。花大，黄色，具香味，顶生聚伞花序；花萼绿色②。核果扁三角状球形，干时黑色③。同属种有粉黄夹竹桃（红酒杯花）*T. thevetioides*，花腋生，漏斗状，橘红或粉黄色，具芳香④。

产地分布 原产美洲热带地区。我国华南地区多有栽培。

习性繁殖 喜光，耐半阴；喜高温、多湿环境。播种、扦插或压条繁殖。

园林用途 植株全绿、多枝，柔软下垂；花黄色，且花期长。宜作庭院观赏或绿篱。

小贴士：

花语是深刻的友情。

倒吊笔

Wrightia pubescens R. Br.

夹竹桃科倒吊笔属

花期4～8月，果期8月至翌年2月

识别特征 常绿乔木，高达20米❶。含乳汁；树皮黄灰褐色，浅裂。叶坚纸质，长圆状披针形、卵圆形或卵状长圆形，顶端短渐尖，基部急尖至钝❷。聚伞花序，花冠漏斗状，白色、浅黄色或粉红色❸。蓇葖果，线状披针形，灰褐色❹；种子线状纺锤形，黄褐色。

产地分布 产于海南、广东、广西、云南及贵州等地，印度、澳大利亚及东南亚也有分布。

习性繁殖 喜光；喜高温，忌寒害。播种或扦插繁殖。

园林用途 树形美观，枝繁叶茂，果形独特。宜作行道树、园景树或庭荫树。

小贴士：

果实倒吊形如笔，故名之。

夹竹桃科

马利筋 尖尾凤、莲生桂子花

Asclepias curassavica L.

萝藦科马利筋属

花期几乎全年，果期8～12月

萝藦科

识别特征 多年生直立草本，灌木状，高达80厘米❶。全株有白色乳汁。叶膜质，披针形至椭圆状披针形，顶端短渐尖或急尖。聚伞花序顶生或腋生，着花10～20朵；花萼裂片披针形，被柔毛；花冠紫红色，裂片长圆形；副花冠生于合蕊冠上，5裂，黄色❷❸。蓇葖披针形，种子卵圆形，顶端具白色绢质种毛❹。

产地分布 原产西印度群岛。现广植于世界各热带及亚热带地区，我国华南、西南等地均有栽培，常逸为野生。

习性繁殖 喜光、通风、温暖、干燥环境，不耐霜冻，不择土壤。播种或扦插繁殖。

园林用途 花美丽、奇特，是昆虫的重要蜜源植物。宜作庭院观赏或花坛。

牛角瓜 五狗卧花心、五狗花、羊浸树

Calotropis gigantea (L.) Dry. ex Ait. f.

萝藦科牛角瓜属

花果期几乎全年

萝藦科

识别特征 直立灌木，高达3米❶。全株具乳汁。叶倒卵状长圆形或椭圆状长圆形，顶端急尖，基部心形；两面被灰白色绒毛，老渐脱落❷。聚伞花序伞形状，腋生和顶生；花序梗和花梗被灰白色绒毛；花冠紫蓝色，辐状❸。蓇葖单生❹；种子广卵形。

产地分布 产于海南、云南、四川、广西和广东等地，印度、斯里兰卡、缅甸、越南和马来西亚等也有分布。

习性繁殖 喜光；喜温暖至高温环境。播种繁殖。

园林用途 叶片灰白，花形美丽。宜作庭院观赏。

小贴士：

花型犹如5只小狗蹲在花心周围，故名"五狗卧花心"；果实状如牛角，又名"牛角瓜"。

桉叶藤 橡胶紫茉莉

Cryptostegia grandiflora R. Br.

萝藦科桉叶藤属

花期春夏季，果期冬季至翌年春季

萝藦科

识别特征 木质半落叶藤本，高达3米❶。叶对生，全缘，革质，两面平滑、具有光泽，长椭圆形，顶端锐尖或钝尖，叶柄短❷。花数朵排成顶生的聚伞花序，花冠漏斗状，裂片5片，花淡紫色❸。蓇葖果双生，成熟时由绿色变为褐色❹。

产地分布 原产印度、非洲。我国海南、广东及云南等地有栽培。

习性繁殖 喜温暖、湿润和光照充足环境。播种、扦插或压条繁殖。

园林用途 叶色浓绿而富有光泽，花姿娇柔，花色艳丽，极为漂亮；果实成对着生。宜作垂直绿化、花径或庭院观赏。

小贴士：

桉叶藤因其茎叶含有白色汁液，用溶解法可提炼成"植物石油"。

1

2

3

4

白蟾 重瓣栀子

Gardenia jasminoides var. *fortuneana* (Lindl.) H. Hara

茜草科栀子属

花期3～7月，果期5月至翌年2月

识别特征 常绿灌木，高达2米❶。茎灰色，小枝绿色。单叶对生或3叶轮生，叶片革质，稀纸质，全缘，倒卵形或矩圆状倒卵形❷。花单生于枝顶或叶腋，花大，重瓣，白色具浓香❸。原变种栀子花*G. jasminoides*，花单瓣❹。

产地分布 产于我国长江以南各地，日本也有分布。海南各地常见栽培。

习性繁殖 喜光；喜温暖、湿润环境；喜疏松、肥沃、排水良好、轻黏性酸性土壤。扦插繁殖。

园林用途 株型小巧优美，终年叶绿亮丽，花大而重瓣，花姿、色、香俱佳。宜作庭院观赏。

小贴士：

栀子的花语是喜悦。

茜草科

希茉莉 长隔木、希美丽、醉娇花

Hamelia patens Jacq.

茜草科长隔木属

花期几乎全年

茜草科

识别特征 常绿灌木，高达4米①。茎粗壮，红色至黑褐色。叶纸质，通常3枚轮生，椭圆状卵形至长圆形，顶端短尖或渐尖。聚伞花序有3～5个放射状分枝；花无梗，沿着花序分枝的一侧着生；花冠橙红色，冠管狭圆筒状②。浆果卵圆状，暗红色或紫色。同科种有九节 *Psychotria asiatica*，叶长圆形，光亮③；花冠白色；核果有纵棱，红色④。

产地分布 原产巴拉圭等拉丁美洲国家。我国南部和西南部有栽培。

习性繁殖 喜高温、高湿和阳光充足环境，不耐霜冻，喜土层深厚、肥沃的酸性土壤。扦插繁殖。

园林用途 枝繁叶茂，树冠优美，花、叶俱佳。宜作庭院观赏或绿篱。

龙船花 山丹花

Ixora chinensis Lam.

茜草科龙船花属

花期5～7月，果期秋季

识别特征 常绿灌木，高达2米。叶对生，革质，披针形、长圆状披针形至长圆状倒披针形。聚伞形花序顶生，多花，花冠红色或红黄色，顶端钝或圆形❶。果近球形，成熟时红黑色。同属种有黄龙船花*I. coccinea* var. *lutea*，花冠金黄色❷；大王龙船花*I. duffii* 'Super King'，叶片大❸；花冠红色，花径达15厘米以上❹。

产地分布 产于我国华南等地，东南亚也有分布。现广泛栽培于热带地区。

习性繁殖 喜高温、湿润和日照充足环境，不耐低温，喜酸性土壤。播种、扦插或压条繁殖。

园林用途 品种众多，花色鲜红而美丽，花期长。宜作庭院观赏或绿篱。

小贴士：

花语是争先恐后。

茜草科

❶ ❷ ❸ ❹

小叶龙船花

Ixora williamsii 'Sunkist'

茜草科龙船花属

Z ❀ 🍁

花期夏季至秋季，果期秋季

茜草科

识别特征 常绿灌木，高达1米❶❷。叶对生，革质，短小，椭圆形至椭圆状披针形，顶端渐尖或圆钝。花序顶生，多花，排成聚伞花序；花冠红色或橙红色，花瓣先端渐尖❸。浆果近球形，成熟时紫黑色❹。

产地分布 园艺杂交种。我国南方广泛栽种。

习性繁殖 喜光，耐半阴；喜高温、湿润环境，不耐寒。扦插或压条繁殖。

园林用途 四季常绿，花团锦簇，色彩艳丽。宜作庭院观赏、绿篱或花坛等。

小贴士：

在古代，十字图形代表着避邪驱魔、去病瘟的咒符，每年端午期间，划龙船的老百姓为了避邪驱魔，去除病瘟，求得吉祥，就把该花与菖蒲、艾草并插在龙船上，久而久之，故称之为"龙船花"。

海巴戟 海滨木巴戟、诺丽

Morinda citrifolia L.

茜草科巴戟天属

花果期全年

识别特征 常绿灌木至小乔木，高达5米❶。叶交互对生，长圆形、椭圆形或卵圆形，两端渐尖或急尖，通常具光泽，全缘；叶脉两面凸起❷。头状花序每隔一节一个，与叶对生；花多数，花冠白色，漏斗形❸。聚花核果浆果状，卵形，幼时绿色，熟时白色❹；种子长圆形。

产地分布 产于我国海南、台湾岛及西沙群岛等地。

习性繁殖 喜光；喜温暖、湿润环境。播种繁殖。

园林用途 果实药用，树干通直，树冠幽雅。宜作庭院观赏。

茜草科

红纸扇 红玉叶金花、血萼花

Mussaenda erythrophylla Schumach. & Thonn.

茜草科玉叶金花属

花期夏秋季，果期秋季

茜草科

识别特征 半落叶灌木，高达1.5米❶。枝条柔软。叶对生，纸质，披针状椭圆形，顶端长渐尖，基部渐窄，两面被稀柔毛，叶脉密被红色丝质茸毛。聚伞花序顶生，花冠五角星状，黄色；花萼叶状，深红色，卵圆形，顶端短尖，被红色柔毛，有纵脉5条❷。同属种有粉纸扇 *M. hybrida* 'Alicia'，花萼粉红色❸；白纸扇（玉叶金花）*M. pubescens*，花萼白色❹。

产地分布 原产非洲扎伊尔。我国海南、广东、台湾、云南等地有栽培。

习性繁殖 喜高温、半阴环境，怕冷。播种、扦插或压条繁殖。

园林用途 萼片红艳似火，枝叶婀娜多姿，潇洒飘逸，异常醒目。宜作庭院观赏。

五星花 繁星花

Pentas lanceolata (Forsk.) K. Schum.

茜草科五星花属

花期几乎全年

识别特征 常绿亚灌木，高达70厘米❶。全株被毛。叶对生，膜质，卵形、椭圆形或披针状长圆形，顶端短尖，基部渐狭成短柄。聚伞花序密集，顶生；花冠5裂，星形，冠檐开展，有紫、白、粉、红等多个花色的变种，喉部被密毛❷❸❹。

产地分布 原产非洲热带和阿拉伯地区。我国南部有栽培。

习性繁殖 喜阳光充足；耐高温；喜肥沃土壤。扦插繁殖。

园林用途 花星状，花色艳美，花期长。宜作庭院观赏。

茜草科

银叶郎德木 巴拿马玫瑰

Rondeletia leucophylla Kunth

茜草科朗德木属

花期几乎全年，果期秋季

茜草科

识别特征 常绿灌木，高达2米❶。叶对生，叶片细长，披针形，正面绿色有光泽，背面带银白色❷。聚伞花序顶生，有小花数朵，花冠鲜红色❸❹。蒴果。

产地分布 原产热带美洲墨西哥。我国海南、香港、台湾、广东等地有栽培。

习性繁殖 喜温暖、湿润和阳光充足环境，排水良好的土壤。播种或扦插繁殖。

园林用途 花红色美丽，花期长；具绿茶的香味，是良好的蜜源植物。宜作庭院观赏、绿篱或花坛。

华南忍冬 山银花、大金银花、水忍冬

Lonicera confusa Candolle

忍冬科忍冬属

花期4～5月和9～10月，果期10月

识别特征 半常绿藤本❶。小枝淡红褐色或近褐色。叶纸质，卵形至卵状矩圆形，顶端尖或稍钝而具小短尖头，基部圆形、截形或带心形❷。总状花序腋生或顶生，萼筒被短糙毛；花香，花冠白色，后变黄色❸。果实黑色，椭圆形或近圆形。同属种有忍冬（金银花）*L. japonica*，叶状苞片硕大，萼筒无毛，小枝密生开展的糙毛❹。

产地分布 产于海南、广东和广西，越南北部和尼泊尔也有分布。

习性繁殖 喜半阴环境；喜肥沃、湿润、腐殖质丰富且排水良好的土壤。播种、压条或扦插繁殖。

园林用途 植株轻盈，花色美丽。宜作庭院观赏或垂直绿化。

忍冬科

美兰菊 黄帝菊

Melampodium divaricatum (Rich.) DC.

菊科美兰菊属

花期春夏季

菊
科

识别特征 一年生草本,高达50厘米❶。叶对生,阔披针形或长卵形,先端渐尖,边缘具锯齿。头状花序顶生,总苞黄褐色,半球状;周边花舌状,金黄色,满布枝端❷。同科种有肿柄菊*Tithonia diversifolia*,有长叶柄❸;头状花序大,直径5~15厘米❹。

产地分布 原产中美洲。世界各地均有栽培,我国华南地区常见栽培。

习性繁殖 喜温暖、干燥和阳光充足环境,忌积水,适应性强;耐热、耐干旱、耐瘠薄。播种繁殖。

园林用途 花期持久,花色鲜黄明媚。宜作庭院观赏或花坛。

银叶菊 雪叶草、雪叶莲、雪叶菊、雪艾

Senecio cineraria DC.

菊科千里光属

花期6~9月，果期7月

识别特征 多年生草本，高达80厘米❶❷❸。植株多分枝，全株密被银白色绵毛。叶长圆形，质厚，边缘呈不规则羽状深裂、浅裂或有锯齿❹。头状花序数个排成伞房状，生于茎的上部叶腋或顶生；花黄色，管状。

产地分布 原产欧洲地中海。现世界各地广为栽培，我国南北各地常见栽培。

习性繁殖 喜凉爽、湿润和阳光充足环境；喜疏松肥沃的砂质壤土或富含有机质的黏质壤土；不耐酷暑，高温高湿时易死亡。播种或扦插繁殖。

园林用途 矮壮丰满，叶片舒展、厚实，分枝多而健壮、紧凑，叶色银白美观。宜作庭院观赏、花坛或花镜。

菊科

万寿菊 臭芙蓉

Tagetes erecta L.

菊科万寿菊属

花期7～9月

菊科

识别特征 一年生草本，高达1.5米❶。茎直立，粗壮，具纵细条棱，分枝向上平展。叶羽状分裂，裂片长椭圆形或披针形，边缘具锐锯齿。头状花序单生，花序梗顶端棍棒状膨大；舌状花黄色或暗橙色❷。瘦果线形，黑色或褐色。同属种有孔雀草*T. patula*，头状花序梗顶端稍增粗，舌状花带红色斑❸❹。

产地分布 原产墨西哥。我国各地均有栽培。

习性繁殖 喜光，耐半阴；喜温暖，但稍能耐早霜，抗性强；对土壤要求不严。播种或扦插繁殖。

园林用途 花大色艳，花期长。宜作庭院观赏或花坛。

蓝花丹 蓝雪花、花绣球、蓝茉莉

Plumbago auriculata Lam.

白花丹科白花丹属

花期6月至翌年4月，果期秋季

白花丹科

识别特征 常绿柔弱半灌木，高达1米❶。叶薄，通常菱状卵形至狭长卵形，有时椭圆形或长倒卵形，先端骤尖而有小短尖。穗状花序约含18～30枚花，花轴密被短绒毛；花冠淡蓝色至蓝白色❷。果实为膜质蒴果。同属种有白花丹（白雪花）*P. zeylanica*，花轴无绒毛，花冠白色或微带蓝色❸；紫花丹（紫雪花）*P. indica*，花轴上无大型的腺，花冠红色或紫红色❹。

产地分布 原产南非南部。我国华南、华东、西南和北京常有栽培。

习性繁殖 喜温暖、湿润和阳光充足环境。播种、扦插或分株繁殖。

园林用途 花色轻淡、雅致。宜作庭园观赏、花坛、地被或盆栽观赏。

小贴士：
花语是冷淡、忧郁。

草海桐 海桐草、羊角树

Scaevola taccada (Gaertner) Roxburgh

草海桐科草海桐属

花果期4~12月

草海桐科

识别特征 常绿灌木或小乔木，高达7米❶。枝中空通常无毛。叶螺旋状排列，大部分集中于分枝顶端，无柄或具短柄，匙形至倒卵形，基部楔形，全缘，或边缘波状，稍稍肉质❷。聚伞花序腋生；花冠白色或淡黄色❸。核果卵球状，白色，有2条径向沟槽❹。

产地分布 产于海南、福建、广东、广西、台湾等地，东南亚及澳大利亚均有分布。

习性繁殖 喜高温、潮湿和阳光充足环境，耐盐碱，耐旱，不耐寒，抗强风。播种或扦插繁殖。

园林用途 叶色亮绿，枝叶紧凑，生长快。宜作庭院观赏、绿篱或防风林。

小贴士：

草海桐是典型的滨海沙生植物。

福建茶 基及树

Carmona microphylla (Lam.) G. Don

紫草科基及树属

花期1～6月

识别特征 常绿灌木，高达3米❶。具褐色树皮，多分枝；分枝细弱。叶革质，倒卵形或匙形，先端圆形或截形，具粗圆齿，基部渐狭为短柄❷。团伞花序开展，花冠钟状，白色，或稍带红色❸。核果，内果皮圆球形，具网纹，先端有短喙❹。

产地分布 产于海南、广东、福建及台湾，印度尼西亚、日本、澳大利亚也有分布。

习性繁殖 喜温暖、湿润环境，不耐寒；喜疏松肥沃及排水良好的微酸性土壤。播种或扦插繁殖。

园林用途 枝繁叶茂，株型紧凑；绿叶白花，叶翠果红，风姿奇特。宜作庭院观赏或绿篱。

紫草科

鸳鸯茉莉 二色茉莉

Brunfelsia brasiliensis (Spreng.) L.B.Sm. & Downs

茄科鸳鸯茉莉属

花期4～10月

茄科

识别特征 常绿灌木，高达1米❶。单叶互生，纸质，矩圆形，先端渐尖，基部楔形❷。花单生或数朵聚生于新梢顶端，聚伞花序，花冠高脚碟状，初开时淡紫色，后变白，芳香❸❹。

产地分布 原产美洲。现世界热带、亚热带地区广泛栽培，我国华南地区有栽培。

习性繁殖 耐半阴；喜温暖、湿润和光照充足环境；喜肥沃疏松、排水良好的微酸性土壤。播种、扦插或压条繁殖。

园林用途 叶色翠绿，花色艳丽且具芳香。宜作庭院观赏或绿篱。

夜香树 洋素馨、夜来香

Cestrum nocturnum L.

茄科夜香树属

花期5~10月，果期冬季

识别特征 常绿直立或近攀援状灌木，高达3米❶。枝条细长而下垂。叶有短柄，互生，叶片矩圆状卵形或矩圆状披针形，全缘，顶端渐尖❷。伞房式聚伞花序，腋生或顶生，疏散；花绿白色至黄绿色，晚间极香❸。浆果矩圆状❹，种子长卵状。

产地分布 原产南美洲。现广泛栽培于世界热带地区，我国海南、福建、广东、广西和云南等地有栽培。

习性繁殖 喜温暖、湿润和阳光充足环境，稍耐阴，不耐严重霜冻。扦插繁殖。

园林用途 枝条细长，夏秋开花，黄绿色花朵傍晚开放、香气扑鼻。宜作庭院观赏。

茄科

木本曼陀罗 大花曼陀罗

Datura arborea L.

茄科曼陀罗属

花期6～10月

茄科

识别特征 常绿小乔木，高达2米❶。茎粗壮，上部分枝。叶卵状披针形、矩圆形或卵形，顶端渐尖或急尖，基部不对称楔形或宽楔形，两面有微柔毛。花单生，俯垂；花冠白色，脉纹绿色，长漏斗状❷。浆果状蒴果，表面平滑，广卵状。同属种有洋金花（白花曼陀罗）*D. metel*，花白色；果近球状，疏生粗短刺❸❹。

产地分布 原产美洲热带。我国华南各地有栽培。

习性繁殖 喜向阳、肥沃、排水良好环境，不耐湿。播种或扦插繁殖。

园林用途 花期长，花大，花形美观、香味浓烈；枝叶扶疏，观赏价值很高。宜作庭院观赏。

小贴士：

花语是天上开的花，白色而柔软，有见此花者，恶自去除之说。

矮牵牛 碧冬茄

Petunia hybrida (J. D. Hooker) Vilmorin

茄科碧冬茄属

花期4～10月，果期7～12月

识别特征 一年生草本，高达60厘米❶。全体生腺毛。叶有短柄或近无柄，卵形，顶端急尖，基部阔楔形或楔形，全缘❷。花单生于叶腋，花萼5深裂，裂片条形；花冠白色或紫堇色，有各式条纹，漏斗状；筒部向上渐扩大，檐部开展，5浅裂❸❹。蒴果圆锥状，2瓣裂；种子极小，近球形，褐色。

产地分布 原产南美洲。我国南北城市公园中普遍栽培观赏。

习性繁殖 喜温暖、湿润和阳光充足环境；不耐霜冻，怕雨涝。播种或扦插繁殖。

园林用途 花朵硕大，色彩丰富，花形变化颇多。宜作花坛、花镜或庭院观赏。

茄科

蓝星花 星形花、雨伞花

Evolvulus nuttallianus Roem. et Schult.

旋花科土丁桂属

花期几乎全年，果期夏秋季

旋花科

识别特征　多年生半蔓性常绿灌木，高达60厘米❶。茎叶密被白色绵毛，叶互生，长椭圆形，全缘❷。花腋生，花冠5裂、蓝色，中心白星形❸❹。

产地分布　原产美洲。我国海南、广东等地有栽培。

习性繁殖　喜湿润或半燥、光照充足环境，不耐寒，不择土壤。播种、扦插或分株繁殖。

园林用途　盛开时朵朵蓝花缀在枝叶中，格外清新脱俗，且花期长。宜作庭院观赏、花坛或花镜。

小贴士：

花语是互信的心和把握现在。

厚藤 马鞍藤

Ipomoea pes-caprae (L.) R. Brown

旋花科番薯属

花期几乎全年，果期夏季至秋季

识别特征 多年生匍匐草本❶。茎平卧，有时缠绕。叶肉质，干后厚纸质，卵形或长圆形，顶端微缺或2裂，裂片圆，裂缺浅或深，有时具小凸尖❷。多歧聚伞花序，腋生，有时仅1朵发育；花冠紫色或深红色，漏斗状，雄蕊和花柱内藏❸。蒴果球形，果皮革质❹；种子三棱状圆形。

产地分布 产于海南、浙江、福建、台湾、广东、广西等地，广布于热带沿海地区。

习性繁殖 喜高温、干燥和阳光充足环境，耐盐，耐旱，不耐寒，抗风。播种或扦插繁殖。

园林用途 生命力强，花叶美丽。宜作地被植物或滨海绿化。

旋花科

茑萝 茑萝松、锦屏封、金丝线

Quamoclit pennata (Desr.) Boj.

旋花科茑萝属

花期夏季至秋季，果期秋季

识别特征 一年生柔弱缠绕草本❶。叶卵形或长圆形，羽状深裂至中脉，具10～18对线形至丝状的平展的细裂片，裂片先端锐尖；叶柄长8～40毫米，基部常具假托叶❷。花序腋生，由少数花组成聚伞花序；花直立，花柄较花萼长；花冠高脚碟状，深红色，无毛❸。蒴果卵形❹；种子卵状长圆形，黑褐色。

产地分布 原产热带美洲。现广布于全球温带及热带，我国南北各地广泛栽培。

习性繁殖 喜光；喜温暖、湿润环境，不耐寒，耐干旱。播种繁殖。

园林用途 茎蔓下垂，叶裂如丝；小花嫣红夺目，超凡脱俗，极其惹人喜爱。宜作庭院观赏或垂直绿化。

旋花科

香彩雀 天使花、蓝天使

Angelonia angustifolia Benth.

玄参科香彩雀属

花期几乎全年

识别特征 多年生直立草本，高达80厘米❶❷。茎通常有不甚发育的分枝。叶对生或上部的互生，披针形或条状披针形，具尖而向叶顶端弯曲的疏齿❸。花单生叶腋，花瓣唇形，上方4裂；花色有浓紫、淡紫、粉、白；花冠蓝紫色❹。蒴果球形。

产地分布 原产美洲。我国海南、广东等地有栽培。

习性繁殖 喜光；喜温暖，耐高温，对空气湿度适应性强。播种或扦插繁殖。

园林用途 花型小巧，花色淡雅，观赏期长。宜作庭院观赏或花坛。

小贴士：

花语是纯真、幸福。

玄参科

蓝金花　巴西金鱼花、蓝鲸花、蓝晶花

Otacanthus azureus (Linden) Ronse

玄参科耳棘花属

花期春季至秋季

玄参科

识别特征　多年生草本，高达90厘米❶。单叶对生，长椭圆形，先端锐，细锯齿缘。花腋生，花冠管长，前端2裂，花瓣蓝紫色，近喉处有白色斑块❷。同科种有红花玉芙蓉 *Leucophyllum frutescens*，常绿小灌木❸；叶密被银白色绒毛，边缘微微卷曲；花朵腋生，紫红色❹。

产地分布　原产巴西。华南地区有引种栽培。

习性繁殖　喜光或半阴；喜温暖，耐高温；栽培土质以肥沃的砂质壤土为佳，排水需良好。播种或扦插繁殖。

园林用途　花色艳丽，花姿奇特别致，花期极长。宜作庭院观赏、花坛或花镜。

爆仗竹　爆竹花、炮仗竹

Russelia equisetiformis Schlecht. et Cham.

玄参科爆仗竹属

花期春季至秋季

识别特征　多年生草本，高达2米❶❷❸。成年植株丛生，易倒伏成匍匐状。茎枝具纵棱。叶极小，对生，大多数退化成披针形的小鳞片。由聚伞花序组成的大型圆锥花序具花多朵，向下弯垂，顶生；花冠长筒状，鲜红色，先端不明显二唇形❹。蒴果球形，室间开裂。

产地分布　原产墨西哥及中美洲。现我国各地均有引种栽培。

习性繁殖　喜温暖、湿润和半阴环境，也耐日晒，不耐寒，忌涝，耐修剪。播种、扦插、分株或压条繁殖。

园林用途　花下垂于枝条，犹如细竹上挂的鞭炮；花色艳丽，饶有趣味。宜作庭院观赏或垂直绿化。

玄参科

夏堇 蓝猪耳、兰猪耳

Torenia fournieri Linden. ex Fourn.

玄参科蝴蝶草属

花果期6～12月

玄参科

识别特征 一年生草本，高达30厘米❶❷。叶对生，具柄，长卵形或卵形，先端渐尖，边缘有锯齿。花腋生或顶生总状花序，花冠管淡青紫色，背黄色，上唇浅蓝色，不明显的2裂；下唇紫蓝色，3裂，中间的1裂片有黄斑❸。蒴果长椭圆形；种子细小，黄色。同属种有单色蝴蝶草*T. concolor*，匍匐草本，茎具4棱；单朵腋生或顶生，花蓝色或蓝紫色❹。

产地分布 产于福建、广东、广西、台湾、云南、浙江等地，柬埔寨、老挝、泰国、越南也有分布。我国华南地区常见栽培。

习性繁殖 喜光，耐半阴；喜高温、耐炎热，不耐寒。播种繁殖。

园林用途 花朵小巧，花色丰富，花姿柔美。宜作庭院观赏或花坛。

铁西瓜 葫芦树、炮弹果、炮弹树

Crescentia cujete L.

紫葳科葫芦树属

花期夏秋季，果期秋冬季

识别特征 常绿乔木，高达18米❶。叶丛生，大小不等，阔倒披针形，顶端微尖，基部狭楔形，具羽状脉，中脉被绵毛❷。花单生于小枝上，下垂；花冠钟状，淡绿黄色，具有褐色脉纹，花冠夜间开放，发出一种恶臭气味，蝙蝠传粉❸。果卵圆球形，浆果，黄色至黑色，果壳坚硬❹。

产地分布 原产热带美洲。我国海南、广东、福建、台湾等地有栽培。

习性繁殖 喜光照；对土壤要求不严，以排水良好的砂质壤土为佳。播种、扦插或压条繁殖。

园林用途 树形优美，果形奇特。宜作行道树或园景树。

小贴士：

果实成熟后可挖空果肉当做水瓢用。

紫葳科

吊瓜树 吊灯树

Kigelia africana (Lam.) Benth.

紫葳科吊灯树属

花期4～5月，果期9～10月

紫葳科

识别特征 半常绿乔木，高达20米❶。奇数羽状复叶交互对生或轮生，小叶长圆形或倒卵形，顶端急尖，基部楔形，全缘，叶面光滑，亮绿色，近革质，羽状脉明显❷。圆锥花序生于小枝顶端，花序轴下垂；花冠橘黄色或褐红色❸。果下垂，圆柱形，坚硬，肥硕，不开裂❹；种子多数。

产地分布 原产热带非洲、马达加斯加岛。我国海南、广东、福建、台湾、云南等地均有栽培。

习性繁殖 喜高温、湿润和阳光充足环境；喜土层深厚、肥沃、排水良好的砂质土壤。播种繁殖。

园林用途 树姿优美，花大艳丽，果形奇特。宜作行道树或园景树。

蓝花楹 蓝雾树、紫云木、巴西紫葳

Jacaranda mimosifolia D. Don

紫葳科蓝花楹属

花期5~6月，果期10~11月

识别特征 落叶乔木，高达15米❶。叶对生，为二回羽状复叶，羽片通常在16对以上；小叶椭圆状披针形至椭圆状菱形，顶端急尖，基部楔形，全缘❷。花蓝色，花冠筒细长，蓝色，花冠裂片圆形❸。蒴果木质，扁卵圆形❹。

产地分布 原产南美洲巴西、玻利维亚、阿根廷。我国海南、广东、广西、福建、云南等地有栽培。

习性繁殖 喜温暖、湿润和阳光充足环境，不耐霜雪。播种或扦插繁殖。

园林用途 盛花期满树紫蓝色花朵，十分雅丽清秀，赏心悦目。宜作行道树、园景树或庭荫树。

小贴士：

花语是宁静、深远、忧郁、在绝望中等待爱情。

紫葳科

蒜香藤 紫铃藤

Mansoa alliacea (Lam.) A.H. Gentry

紫葳科蒜香藤属

花期3~11月，果期9~11月

紫葳科

识别特征 常绿木质藤本❶❷。植株具卷须，花、叶具有浓烈的大蒜香味。二至三出复叶，对生，小叶椭圆形❸。聚伞花序腋生，花冠管状，先端5裂，花紫红色至白色❹。蒴果扁平，长线形。

产地分布 原产南美洲的圭亚那和巴西。现世界热带地区多有栽培，我国海南、福建、广东等地常见栽培。

习性繁殖 喜温暖、湿润气候和阳光充足环境；对土质要求不高。播种、扦插或压条繁殖。

园林用途 花团锦簇，花色艳丽，蔚为壮观。宜作庭院观赏或垂直绿化。

猫尾木　毛叶猫尾木

Markhamia stipulata var. *kerrii* Sprague

紫葳科猫尾木属

花期10～11月，果期翌年4～6月

识别特征　常绿乔木，高达10米❶。叶近于对生，奇数羽状复叶，小叶无柄，长椭圆形或卵形，顶端长渐尖，基部阔楔形至近圆形，全缘纸质。花大，顶生，总状花序；花冠黄色，漏斗形，下部紫色❷。蒴果极长，悬垂，密被褐黄色绒毛❸；种子长椭圆形。相近种有海滨猫尾木*Dolichandrone spathacea*，花白色；蒴果筒状而稍扁，下垂，无毛❹。

产地分布　产于海南、广东、广西、云南，在泰国及越南等地也有分布。

习性繁殖　喜高温、多湿环境，稍耐阴，喜肥沃、土层深厚和排水良好的壤土。播种或扦插繁殖。

园林用途　花大而美丽；果形奇特，形似猫尾。宜作行道树或园景树。

紫葳科

火烧花 缅木

Mayodendron igneum (Kurz) Kurz

紫葳科火烧花属

花期1～3月，果期5～9月

紫葳科

识别特征 落叶乔木，高达15米❶。大型奇数二回羽状复叶，中轴圆柱形，有沟纹；小叶卵形至卵状披针形，顶端长渐尖，基部阔楔形，偏斜，全缘❷。花序有花5～13朵，组成短总状花序，着生于老茎或侧枝上；花冠橙黄色至金黄色，筒状❸❹。蒴果长线形，下垂；种子卵圆形，具白色透明的膜质翅。

产地分布 产于广东、广西、台湾、云南，东南亚等地也有。海南有栽培。

习性繁殖 耐半阴；喜高温、高湿和阳光充足环境，但能耐干热，不耐寒冷，忌霜冻。播种、嫁接或压条繁殖。

园林用途 树形美观，老茎生花；先花后叶，花色艳丽。宜作行道树、园景树或庭荫树。

炮仗花 黄鳝藤

Pyrostegia venusta (Ker-Gawl.) Miers

紫葳科炮仗藤属

花期12月至翌年3月

识别特征 攀援状木质藤本❶❷。羽状复叶对生；小叶卵形，顶端渐尖，基部近圆形，全缘❸。圆锥花序着生于侧枝的顶端，花萼钟状，有5小齿。花冠筒状，内面中部有一毛环，基部收缩，橙红色，裂片5片，长椭圆形❹。果瓣革质，舟状；种子具翅，薄膜质。

产地分布 原产南美洲巴西。在热带亚洲已广泛栽培，我国海南、广东、广西、福建、台湾、云南等地均有栽培。

习性繁殖 喜高温、湿润和阳光充足环境，对土质要求不严。压条或扦插繁殖。

园林用途 花序悬垂，花色橘黄，形状奇特。宜作庭院观赏或垂直绿化。

小贴士：

初夏红橙色的花朵累累成串，状如鞭炮，故有"炮仗花"之称。

紫葳科

非洲凌霄 紫芸藤、紫云藤

Podranea ricasoliana (Tanf.) Sprague

紫葳科非洲凌霄属

花期10月至翌年3月，果期8～12月

识别特征 常绿攀援木质藤本，高达2米❶。奇数羽状复叶，互生；叶柄具沟，长卵状形，先端长渐尖，边缘具锯齿❷。圆锥形花序顶生，花冠漏斗状钟形，先端5裂，花冠粉红色至紫红色，喉部色深，带紫红色脉纹❸❹。蒴果长线形，革质，全缘果瓣。

产地分布 原产非洲南部。我国海南、福建、广东等地有引种栽培。

习性繁殖 喜光；喜温暖至高温、湿润环境；耐酷暑高温，也耐霜冻，不耐干旱。扦插繁殖。

园林用途 枝条柔软，叶片翠绿而密集，姿态婆娑优美，十分迷人。宜作庭院观赏、花坛或花镜。

紫葳科

海南菜豆树 大叶牛尾林

Radermachera hainanensis Merr.

紫葳科菜豆树属

花期4月，果期9~10月

识别特征 常绿乔木，高达20米❶。叶为一至二回羽状复叶，小叶纸质，长圆状卵形或卵形，顶端渐尖，基部阔楔形，两面无毛❷。花序腋生或侧生，少花，为总状花序或少分枝的圆锥花序，花萼淡红色，筒状，不整齐；花冠淡黄色，钟状❸。蒴果扁圆形；种子卵圆形。同属种有美叶菜豆树 *R. frondosa*，叶柄、叶轴和花序被粉状短柔毛；花冠白色，细筒状❹。

产地分布 产于海南、广东、云南，柬埔寨、老挝、泰国也有分布。

习性繁殖 喜光，耐半阴；喜疏松土壤及温暖湿润环境。播种繁殖。

园林用途 树形美观，树姿优雅；花朵大，花香淡雅。宜作行道树或园景树。

紫葳科

火焰树 火焰木、喷泉树

Spathodea campanulata Beauv.

紫葳科火焰树属

花期10月至翌年4月，果期6~7月

紫葳科

识别特征 常绿乔木，高达10米❶。奇数羽状复叶，对生，叶片椭圆形至倒卵形，顶端渐尖，基部圆形，全缘，背面脉上被柔毛❷。伞房状总状花序，顶生，密集；花萼佛焰苞状，花冠橘红色，具紫红色斑点❸。蒴果黑褐色❹；种子近圆形。

产地分布 原产非洲。现广泛栽培于印度、斯里兰卡，我国海南、广东、福建、台湾、云南等地均有栽培。

习性繁殖 喜光；喜高温、湿润环境，不耐寒，不抗风。播种或扦插繁殖。

园林用途 树形优美，花色红艳。宜作行道树、庭荫树或园景树。

❶

❷

❸

❹

银鳞风铃木 黄金风铃木、阿根廷风铃木

Tabebuia aurea (Manso) Benth. & Hook. f. ex S. Moore

紫葳科黄钟木属

花期3～4月

紫葳科

识别特征 常绿乔木，高达8米❶。树冠圆头形，树干灰褐色，树皮纵裂，枝叶无毛而被银白色鳞片。掌状复叶，小叶5～7枚，小叶狭长椭圆形；叶片绿色，叶面及叶背密被银白色鳞片❷。花亮黄色，花冠管状，几朵聚生为松散的圆锥花序❸❹。果实为蒴果，长条形。

产地分布 原产阿根廷、巴西、墨西哥、苏里南等地。我国华南地区有引种栽培。

习性繁殖 喜光；喜温暖、湿润环境，稍耐寒。播种、扦插或压条繁殖。

园林用途 叶片银灰绿色，被银白色鳞片，花冠金黄色，盛开时缀满全株，壮观璀璨。宜作行道树、园景树或庭院观赏。

黄花风铃木 黄钟木

Tabebuia chrysantha (Jacq.) Nichols.

紫葳科黄钟木属

花期3~4月

识别特征 落叶乔木，高达8米❶。树皮纵裂，全株被锈色柔毛。掌状复叶，小叶3~5枚，阔椭圆形或卵形，叶片被褐色细茸毛，叶缘具粗锯齿❷。花黄色，集生于枝端，花冠漏斗形❸。果实圆柱形，被密毛，下垂❹。

产地分布 原产中南美洲，分布于墨西哥、巴西、巴拉圭、玻利维亚等。现我国南方大量引进栽培。

习性繁殖 喜高温；以富含有机质的砂质壤土为最佳，排水、日照需良好。播种、扦插或高压法繁殖。

园林用途 先花后叶，春季绽放风铃般的花朵挂满枝头，花团锦簇，形成一片金黄色花海，极为壮观。宜作行道树、园景树或庭院观赏。

紫葳科

淡红风铃木 掌叶黄钟木、红花风铃木、紫绣球

Tabebuia rosea (Bertol.) DC.

花期1～4月，果期夏季

紫葳科黄钟木属

识别特征 常绿乔木，高达25米❶。树干直立，分枝多，树冠呈圆伞形；树皮有灰白斑点，平滑。掌状复叶对生，小叶2～5枚，椭圆状长椭圆形至椭圆状卵形，先端渐尖，基部钝或渐狭，纸质，全缘❷。花多数，紫红色至粉红色，有时呈白色；花冠阔漏斗形或风铃状，先端5裂❸❹。蒴果线形或圆柱形。

产地分布 原产热带美洲，分布于墨西哥、巴西、巴拉圭、玻利维亚等地。我国南方大量引种栽培。

习性繁殖 喜光；喜温暖、湿润环境，耐旱。播种、扦插或压条繁殖。

园林用途 花团锦簇，花色艳丽，蔚为壮观。宜作行道树、园景树或庭荫树。

紫葳科

黄钟花 黄钟树、金钟花

Tecoma stans (L.) Juss. ex Kunth

紫葳科黄钟花属

花期4～9月，果期6～10月

紫葳科

识别特征 常绿灌木，高达3米❶。叶对生，奇数羽状复叶；小叶阔披针形或卵状长椭圆形，叶脉明显，叶缘具细齿❷。总状花序或圆锥花序，花黄色，喇叭状；花萼为筒状钟形；花冠漏斗状钟形❸。蒴果线形❹，种子具薄翅。

产地分布 原产南美洲和西印度群岛。热带地区多有栽培，现华南地区广泛栽培。

习性繁殖 喜温暖、湿润和阳光充足环境，较耐寒。播种、压条或扦插繁殖。

园林用途 花数朵密生成束，满树艳黄，极为耀眼亮丽。宜作庭院观赏或绿篱。

硬骨凌霄
Tecomaria capensis (Thunb.) Spach
紫葳科硬骨凌霄属

花期几乎全年

识别特征 常绿灌木，高达2米❶。奇数羽状复叶，小叶卵形至阔椭圆形，先端短尖或钝，基部阔楔形，边缘有不甚规则的锯齿❷。总状花序顶生，花冠长筒状，橙红色❸❹。蒴果线形，略扁。

产地分布 原产南美洲。海南有栽培。

习性繁殖 喜温暖、湿润和阳光充足环境，不耐阴，不耐寒；喜排水良好的砂壤土。播种或扦插繁殖。

园林用途 终年常绿，叶片秀雅，花色明艳悦目。宜作庭院观赏或绿篱。

紫葳科

爵床科

老鼠簕

Acanthus ilicifolius L.

爵床科老鼠簕属

花期1～5月，果期4～7月

识别特征 常绿直立灌木，高达2米❶。托叶成刺状；叶片长圆形至长圆状披针形，先端急尖，基部楔形，边缘4～5羽状浅裂，近革质❷。穗状花序顶生；苞片对生，宽卵形；花冠白色带紫，上唇退化，下唇倒卵形，薄革质❸。蒴果椭圆形，有种子4颗❹；种子扁平，圆肾形，淡黄色。

产地分布 产于海南、福建、广东、广西等地，东南亚各国、澳大利亚、太平洋群岛等均有分布。

习性繁殖 喜光；喜温暖、湿润环境，不耐寒，耐盐碱。播种或分株繁殖。

园林用途 真红树植物。叶形奇特，花色清雅。宜作滨海绿化或花坛。

宽叶十万错 赤道樱草

Asystasia gangetica (L.) T. Anders.

爵床科十万错属

花期夏季至冬季

爵床科

识别特征 多年生草本，高达60厘米❶。叶十字对生，心形或长卵形，先端尖，基部钝圆，全缘有柄，波状缘或细浅齿缘，两面疏被短毛❷。总状花序顶生，花冠漏斗状，两侧对称，5裂，裂片长卵形，白色、淡紫或桃红色❸。蒴果长椭圆形；种子扁圆形。亚种有小花十万错subsp. *micrantha*，花小，下唇中部裂片稍反折❹。

产地分布 原产热带非洲、印度与斯里兰卡。在广东、广西、云南和台湾已归化，我国华南地区有栽培。

习性繁殖 喜光；喜高温、湿润环境，不耐寒。播种或扦插繁殖。

园林用途 花期极长，开花繁密，花姿娇艳；叶可食。宜作庭院观赏、地被植物或花径。

十字爵床 鸟尾花、雀花、半边黄

Crossandra infundibuliformis Nees

爵床科十字爵床属

花期夏秋季

爵床科

识别特征 常绿灌木或半灌木，高达40厘米❶❷。叶全缘或有波状齿，狭卵形至披针形，基部楔形延长到叶柄❸。花序穗状，顶生或腋生，有短柔毛，花冠漏斗形有细管，圆柱状，裂片5枚，宽阔，成覆瓦状排列，花冠红色、橙色或肉色❹。蒴果，长椭圆形，有棱。

产地分布 原产印度、斯里兰卡。我国海南、广东、福建、云南等地有引种。

习性繁殖 耐阴；喜温暖、湿润环境；喜疏松、肥沃及排水良好的中性及微酸性土壤。播种或扦插繁殖。

园林用途 花朵绚丽，花期长。宜作庭院观赏或花坛。

小贴士：

花朵像鸟的尾巴一样，也常称为"鸟尾花"。

喜花草 可爱花、爱春花、蓝花仔

Eranthemum pulchellum Andrews

爵床科喜花草属

花期冬季至翌年春季，果期春季

识别特征　常绿灌木，高达2米❶。枝4棱形，无毛或近无毛。叶对生，叶片通常卵形，有时椭圆形，顶端渐尖或长渐尖，基部圆或宽楔形并下延❷。穗状花序顶生和腋生，具覆瓦状排列的苞片；苞片大，白绿色；花萼白色；花冠蓝色或白色，高脚碟状❸❹。蒴果，有种子4粒。

产地分布　原产印度及热带喜马拉雅地区。我国南部和西南部地区有栽培。

习性繁殖　喜光，也耐阴；喜温暖、湿润环境，不耐寒。播种或扦插繁殖。

园林用途　植株轻盈，蓝色小花淡雅宜人。宜作庭院观赏或绿篱。

小驳骨 接骨草

Justicia gendarussa L. f.

爵床科驳骨草属

花期春季

识别特征 多年生草本或亚灌木，高达1米❶。茎圆柱形，节膨大，枝多数，对生，嫩枝常深紫色。叶纸质，狭披针形至披针状线形，顶端渐尖，基部渐狭，全缘❷。穗状花序顶生，苞片对生；花冠白色或粉红色，上唇长圆状卵形，下唇浅3裂❸❹。蒴果。

产地分布 产于我国海南、广东、广西、台湾、云南，以及东南亚各国。

习性繁殖 喜光，耐半阴；喜温暖、湿润环境，不耐寒。扦插繁殖。

园林用途 枝繁叶茂，叶色翠绿。宜作庭院观赏或绿篱。

鸡冠爵床 红苞花、红楼花

Odontonema strictum (Nees) O. Kuntze

爵床科鸡冠爵床属

花期9~12月

识别特征 常绿灌木，高达2米❶。叶对生，卵状披针形，先端渐尖，基部楔形。穗状花序顶生，花红色，花梗细长；花萼钟状，5裂；花冠长管形，二唇形，上唇2裂，下唇3裂❷❸❹。蒴果。

产地分布 原产美洲热带地区。我国华南地区多有栽培。

习性繁殖 喜光；喜高温、多湿环境，耐干旱，耐水湿。扦插繁殖。

园林用途 叶色亮绿，花色艳丽。宜作庭院观赏或绿篱。

金苞花 金苞虾衣花

Phachystachys lutea Nees

爵床科金苞花属

花期几乎全年

爵床科

识别特征 常绿亚灌木，高达70厘米❶。茎圆形，细弱，多分枝，嫩茎节基红紫色。叶卵形，对生，顶端具短尖，基部楔形，全缘❷。穗状花序顶生，下垂；具棕色、红色、黄绿色、黄色的宿存苞片；花白色，伸向苞片外，花分为上下二唇形，上唇全缘或稍裂，下唇浅裂，上有3行紫斑花纹❸❹。

产地分布 原产美洲热带地区。现热带地区广为栽培，我国华南地区有栽培。

习性繁殖 喜光，也较耐阴；喜温暖、湿润环境，忌曝晒。扦插繁殖。

园林用途 株丛整齐，花期较长；花色鲜黄，形似龙虾，十分奇特有趣。宜作庭院观赏、绿篱或花坛。

紫叶拟美花 紫通木

Pseuderanthemum carruthersii var. *atropureum*

爵床科山壳骨属

花期春季至秋季

爵床科

识别特征 常绿灌木，高达2米❶。叶对生，宽披针形或倒披针形，叶紫红至褐红色，叶缘有不规则缺刻❷。花序顶生，花瓣白色带深红色斑纹❸❹。

产地分布 原产南美洲、太平洋诸岛。我国海南有栽培。

习性繁殖 喜光，耐半阴；喜温暖、湿润环境。扦插繁殖。

园林用途 叶色和花色美丽、鲜艳。宜作庭院观赏或绿篱。

翠芦莉 蓝花草、兰花草

Ruellia brittoniana Leonard

爵床科芦莉草属

花期3～10月，果期秋冬季

爵床科

识别特征 宿根性草本，高达60厘米❶。茎略呈方形，红褐色。单叶对生，线状披针形，叶暗绿色❷。花腋生，花冠漏斗状，蓝紫色❸，少数为粉❹、白色；花瓣5裂，细波浪状。蒴果长形，先为绿色，成熟后转为褐色；种子细小如粉末状。

产地分布 原产墨西哥。我国华南地区常见栽培。

习性繁殖 喜光；喜高温；不择土壤，耐贫瘠力强，耐轻度盐碱土壤。播种、扦插或分株繁殖。

园林用途 花姿优美，色彩艳丽。宜作庭院观赏、绿篱或花坛。

大花芦莉 红花芦莉、艳芦莉

Ruellia elegans Poir.

爵床科芦莉草属

花期夏秋季

爵床科

识别特征 常绿小灌木，高达90厘米❶❷。茎直立，节部略为膨大。叶椭圆状披针形或长卵圆形，叶绿色，微卷，对生，先端渐尖，基部楔形❸。花两性，腋生，花冠筒状，5裂，鲜红色❹。蒴果。

产地分布 原产巴西。我国华南地区有栽培。

习性繁殖 喜光，也耐阴；喜高温、湿润环境，耐寒，耐旱；喜富含有机质的中性至微酸性壤土或砂质壤土。扦插繁殖。

园林用途 叶色浓绿，花姿幽美。宜作庭院观赏、绿篱或花镜。

爵床科

金脉爵床 黄脉爵床
Sanchezia nobilis Hook. f.
爵床科黄脉爵床属

花期春季至秋季

识别特征 常绿灌木，高达2米❶❷。叶对生，叶片矩圆形，倒卵形，先端渐尖，基部宽楔形，叶缘锯齿；叶片嫩绿色，叶脉橙黄色❸。穗状花序顶生，花冠管状，二唇形，黄色❹。

产地分布 原产厄瓜多尔。我国海南、广东、香港、云南等地常见栽培。

习性繁殖 喜半阴；喜高温、多湿环境，不耐寒；要求深厚肥沃的砂质土壤。扦插繁殖。

园林用途 枝繁叶茂，叶面具色彩对比明显的斑纹，线条清晰、光亮。宜作庭院观赏或绿篱。

叉花草 腾越金足草

Strobilanthes hamiltoniana (Steud.) Bosser et Heine

爵床科紫云菜属

花期秋季至翌年春季，
果期冬季至翌年春季

爵床科

识别特征 常绿灌木，高达1.5米❶。茎直立，多分枝，全株光滑无毛；茎和枝四棱形，光滑无毛，节间有沟，大叶具柄，小叶柄短或无柄，叶片卵状披针形，顶端渐尖，边缘有细锯齿❷。穗状花序构成疏松的圆锥花序，花冠堇紫色，二唇形，花冠筒细长，喉部扩大成钟形❸❹。蒴果。

产地分布 原产云南（腾冲、盈江到瑞丽），分布于东喜马拉雅和印度卡西山区。海南有栽培。

习性繁殖 喜温暖、湿润环境，宜半阴、疏松肥沃的土壤。播种繁殖。

园林用途 花型独特，花色美观、艳丽，花期长。宜作庭院观赏、绿篱或花坛。

硬枝老鸭嘴 直立山牵牛

Thunbergia erecta (Benth.) T. Anders.

爵床科山牵牛属

花期10月至翌年3月

爵床科

识别特征 常绿灌木，高达2米❶。茎四棱形，纤细，多分枝。叶对生，卵形至长卵形，叶近革质，先端渐尖，基部楔形至圆形，边缘具波形齿或不明显3裂❷。花单生于叶腋，花冠斜喇叭形，蓝紫色，喉管部为黄色❸。蒴果长圆锥形。同属种有大花老鸭嘴（山牵牛）*T. grandiflora*，攀援灌木，花在叶腋单生或成顶生总状花序，淡蓝色❹。

产地分布 原产热带西部非洲。现世界各地广为栽培，我国华南地区常栽培。

习性繁殖 耐半阴；喜高温、高湿和阳光充足环境；喜肥沃、排水良好的微酸性砂质土壤。扦插或分株繁殖。

园林用途 花形奇特，花期长。宜作庭院观赏或绿篱。

裸花紫珠

Callicarpa nudiflora Hook. et Arn.

马鞭草科紫珠属

花期6~8月，果期8~12月

马鞭草科

识别特征 常绿灌木至小乔木，高达7米❶。小枝、叶柄与花序密生灰褐色分枝茸毛。叶片卵状长椭圆形至披针形，顶端短尖或渐尖，基部钝或稍呈圆形，表面深绿色，干后变黑色❷。聚伞花序开展，花冠紫色或粉红色❸。果实近球形，红色，干后变黑色❹。

产地分布 产于海南、广东、广西等地，印度、越南、马来西亚、新加坡也有分布。

习性繁殖 耐阴；喜温暖、湿润环境，较耐寒；对土壤不甚选择。播种、扦插或分株繁殖。

园林用途 花色鲜艳、醒目，惹人喜爱。宜作庭院观赏。

马鞭草科

苦郎树　许树、假茉莉、苦蓝盘

Clerodendrum inerme (L.) Gaertn.

马鞭草科大青属

花果期3～12月

识别特征　常绿攀援状灌木，高达2米❶。根、茎、叶有苦味；幼枝四棱形，黄灰色。叶对生，薄革质，卵形、椭圆形或披针形，顶端钝尖，全缘❷。聚伞花序，着生于叶腋或枝顶叶腋；花很香，花冠白色，顶端5裂；花丝紫红色，细长❸。核果倒卵形，略有纵沟，多汁液❹。

产地分布　产于海南、福建、台湾、广东、广西等地，印度、东南亚至大洋洲北部也有分布。

习性繁殖　喜温暖、湿润和阳光充足环境，耐盐碱。扦插或分株繁殖。

园林用途　半红树植物。枝叶茂密，叶色浓绿；花洁白芳香，颇为奇特。宜作庭院观赏、绿篱或滨海绿化。

赪桐 状元红

Clerodendrum japonicum (Thunb.) Sweet

马鞭草科大青属

花期5～11月，果期12月～翌年1月

识别特征 常绿灌木，高达4米❶。叶片圆心形，顶端尖或渐尖，基部心形，边缘有疏短尖齿。二歧聚伞花序组成顶生、大而开展的圆锥花序，花萼红色；花冠红色，稀白色❷。果实椭圆状球形，绿色或蓝黑色❸。同属种有臭牡丹*C. bungei*，植株有臭味，叶片大、宽卵形或卵形；花序顶生，淡红色、红色或紫红色❹。

产地分布 产于我国秦岭以南各地，南亚、东南亚以及日本各国也有分布。

习性繁殖 喜光，耐半阴；喜温暖、多湿环境，耐旱，不耐寒。播种、扦插或分株繁殖。

园林用途 花艳丽如火，开花持久不衰，花形犹如蟠龙吐珠。宜作庭院观赏或花坛。

烟火树 紫背假马鞭、星烁山茉莉

Clerodendrum quadriloculare (Blanco) Merr.

马鞭草科大青属

花期2～9月，果期12月

马鞭草科

识别特征 常绿灌木或小乔木，高达4米❶。幼枝方形，墨绿色。叶对生，长椭圆形，先端尖，厚纸质。叶的正面绿色❷，叶背暗紫红色❸。花顶生，聚伞状圆锥花序，小花多数，花冠细高脚杯形紫红色，先端5裂，裂片白色，外卷成半圆形❹。果实椭圆形。

产地分布 原产菲律宾及太平洋群岛等地，我国也有零星分布。海南、广东等地有栽培。

习性繁殖 喜温暖、湿润环境，不耐寒，不择土壤。播种、扦插或分株繁殖。

园林用途 株型美观，叶色秀美；花色绚丽多彩，花蕊翩翩起舞，花期长，十分美丽。宜作花坛、花镜或庭院观赏。

小贴士：

花色绚丽多彩，好似繁星闪烁，犹如"团团烟火"，故名之。

龙吐珠 白萼赪桐

Clerodendrum thomsonae Balf.

马鞭草科大青属

花期3～5月

马鞭草科

识别特征 常绿攀援状灌木，高达5米❶。叶片纸质，狭卵形或卵状长圆形，顶端渐尖，基部近圆形，全缘，表面被小疣毛，略粗糙，基脉三出。聚伞花序腋生或假顶生，二歧分枝；花萼白色，花冠深红色❷。核果近球形，棕黑色。同属种有红萼龙吐珠*C. speciosum*，花萼红色❸❹。

产地分布 原产西非。现热带地区广为栽培，我国各地也常见栽种。

习性繁殖 喜温暖、湿润的半阴环境，不耐寒。播种、扦插或分株繁殖。

园林用途 花形奇特，开花繁茂。宜作庭院观赏或垂直绿化。

小贴士：

开花时深红色的花冠由白色的萼内伸出，状如吐珠，故名之。

假连翘

Duranta erecta L.

马鞭草科假连翘属

花果期全年

马鞭草科

识别特征 常绿灌木，高达3米。叶对生，少有轮生，叶片卵状椭圆形或卵状披针形，纸质，顶端短尖或钝，基部楔形。总状花序顶生或腋生，常排成圆锥状；花冠通常蓝紫色❶。核果球形，熟时红黄色。栽培种有金边假连翘‘Marginata’，叶片边缘金黄色❷❸；花叶假连翘‘Variegata’，叶缘有黄白色条纹，花冠淡紫色❹。

产地分布 原产热带美洲。我国南部常见栽培，常逸为野生。

习性繁殖 喜光；喜温暖、湿润环境，不耐寒。播种或扦插繁殖。

园林用途 花期长且花美丽。宜作庭院观赏或绿篱。

金叶假连翘 黄馨梅

Duranta erecta 'Golden Leaves'

马鞭草科假连翘属

花期4～12月，果期6～11月

马鞭草科

识别特征 常绿灌木，高达3米❶。多分枝，枝具刺。叶对生，纸质，卵状椭圆形或卵形，全缘或中部以上有锯齿，新叶金黄色，老叶黄绿色❷。总状花序顶生或腋生，花冠淡蓝色❸。核果圆形或近卵形，成熟时橘黄色❹。

产地分布 原产热带美洲。我国华南及西南各地有栽培。

习性繁殖 喜光；喜温暖湿润环境，耐寒力较强，亦耐半阴；对土壤适应性较强。播种或扦插繁殖。

园林用途 叶密生成簇，叶色亮丽；花果也具有较高观赏价值。宜作庭院观赏或绿篱。

蔓马缨丹

Lantana monteridensis Briq.

马鞭草科马缨丹属

花果期全年

马鞭草科

识别特征 蔓性灌木，高达60厘米❶。枝下垂，被柔毛。叶卵形，粗糙，基部突然变狭，边缘有粗齿。头状花序具长总花梗，花淡紫红色❷；苞片阔卵形，长不超过花冠管的中部。同属种有马缨丹（五色梅、七姐妹）*L. camara*，常绿直立或蔓性的灌木❸；花冠黄色或橙黄色❹。

产地分布 原产南美洲，我国南方有栽培。

习性繁殖 喜光；喜温暖、湿润环境，对土壤要求不严，以深厚肥沃和排水良好的沙质土壤较佳。播种或扦插繁殖。

园林用途 花色艳丽，花期长。宜作庭院观赏、垂直绿化、地被植物或花坛。

柚木 脂树、紫油木

Tectona grandis L. f.

马鞭草科柚木属

花期8月，果期10月

马鞭草科

识别特征 落叶大乔木，高达40米❶。小枝淡灰色或淡褐色，四棱形，被灰黄色或灰褐色星状绒毛。叶对生，厚纸质，全缘，卵状椭圆形或倒卵形，表面粗糙，有白色突起❷。圆锥花序顶生，花有香气；花冠白色❸。核果球形，外果皮茶褐色，被毡状细毛❹。

产地分布 原产印度、缅甸、马来西亚和印度尼西亚。我国海南、云南、广东、广西、福建、台湾等地普遍引种。

习性繁殖 喜光；喜温暖、湿润环境；喜深厚、湿润、肥沃、排水良好的土壤。播种或扦插繁殖。

园林用途 树干通直，叶片大；树冠齐整，绿荫效果好。宜作行道树、园景树或庭荫树。

山牡荆 莺歌

Vitex quinata (Lour.) Wall.

马鞭草科牡荆属

花期5～7月，果期8～10月

马鞭草科

识别特征 常绿乔木，高达12米❶。树皮灰褐色至深褐色。掌状复叶，对生，小叶片倒卵形至倒卵状椭圆形，表面通常有灰白色小窝点，背面有金黄色腺点❷。聚伞花序对生于主轴上，排成顶生圆锥花序式，密被棕黄色微柔毛；花冠淡黄色，二唇形，下唇中间裂片较大，外面有柔毛和腺点❸。核果球形或倒卵形，幼时绿色，成熟后呈黑色❹。

产地分布 产于海南、浙江、江西、福建、台湾、湖南、广东、广西等地。日本、印度、马来西亚、菲律宾也有分布。

习性繁殖 喜光；喜温暖、湿润环境。播种或扦插繁殖。

园林用途 树型优美。宜作园景树。

彩叶草 五彩苏、锦紫苏、洋紫苏

Coleus scutellarioides (L.) Benth.

唇形科鞘蕊花属

花期6～10月，果期秋季

唇形科

识别特征 多年生草本，高达80厘米❶❷❸。全株有毛，茎为四棱，基部木质化。单叶对生，卵圆形，先端长渐尖，缘具钝齿牙，叶面绿色，有淡黄、桃红、朱红、紫等色彩鲜艳的斑纹。顶生总状花序，花小，浅蓝色或浅紫色❹。小坚果平滑有光泽。

产地分布 原产印度尼西亚的爪哇岛。现在世界各国广泛栽培。

习性繁殖 喜温暖、湿润和阳光充足环境，夏天高温时要求半阴环境。播种或扦插繁殖。

园林用途 色彩鲜艳，品种甚多，观赏性强。宜作庭院观赏或花坛。

小贴士：
花语是绝望的恋情。

肾茶 猫须草

Clerodendranthus spicatus (Thunb.) C. Y. Wu

唇形科猫须草属

唇形科

B ✿

花果期5～11月

识别特征 多年生草本，高达1.5米❶。茎四棱形，具浅槽及细条纹，被倒向短柔毛❷。叶卵形、菱状卵形或卵状长圆形，先端急尖，基部宽楔形至截状楔形，边缘具粗牙齿或疏圆齿❸。轮伞花序6花，在主茎及侧枝顶端组成具总梗长8～12厘米的总状花序；花冠浅紫或白色，外面被微柔毛❹。小坚果卵形，深褐色，具皱纹。

产地分布 产于海南、广东、广西、云南、台湾及福建等地，东南亚至澳大利亚等地也有分布。

习性繁殖 喜光，也耐半阴；喜高温、多湿环境。扦插繁殖。

园林用途 花多而密，花丝细长形似猫须，生动雅趣，极具观赏价值。宜作庭院观赏、花坛或花径。

一串红 炮仗红

Salvia splendens Ker-Gawl.

唇形科鼠尾草属

花期3～10月

唇形科

识别特征 亚灌木状草本，高达90厘米❶。茎钝四棱形。叶卵圆形或三角状卵圆形，边缘具锯齿❷。轮伞花序2～6花，组成顶生总状花序，红色❸。小坚果椭圆形，暗褐色。同科种有假龙头花（随意草）*Physostegia virginiana*，穗状花序顶生，花淡紫红色❹。

产地分布 原产巴西。我国各地广泛栽培。

习性繁殖 耐半阴；喜温暖和阳光充足环境，不耐寒。播种或扦插繁殖。

园林用途 花序修长，色红鲜艳，花期又长；花色品种众多，由大红至紫，甚至有白色的。宜作庭院观赏或花坛。

小贴士：

花语是一串红代表恋爱的心，一串白代表精力充沛，一串紫代表智慧。

水
鳖
科

水菜花

Ottelia cordata (Wall.) Dandy

水鳖科水车前属

花期几乎全年，果期冬季

识别特征 多年生水生草本❶。叶两型；沉水叶长椭圆形，全缘；浮水叶阔披针形或长卵形，较沉水叶厚，革质。花单性，雌雄异株；佛焰苞腋生，具长梗；花瓣3，倒卵形，白色，基部带黄色❷。果实长椭圆形；种子多数，纺锤形❸。相近种有水车前（龙舌草）*O. alismoides*，叶沉水；花两性，佛焰苞内仅含1朵花❹。

产地分布 产于海南，我国目前仅在琼北火山熔岩湿地有分布。缅甸、泰国及柬埔寨也有分布。海口城市公园有栽种。

习性繁殖 喜阳光充足、温暖的缓慢流水环境，对水质要求很高。播种或分株繁殖。

园林用途 花朵洁白，亭亭玉立，优美雅致。宜作庭院观赏或水景营造。

小贴士：

国家二级重点保护野生植物，濒危物种。水质指示型植物。

皇冠草 亚马逊剑草、王冠草

Echinodorus grisebachii Small

泽泻科刺果泽泻属

花期6～12月

泽泻科

识别特征 多年生沉水草本，高达50厘米❶。具根茎。叶基生，呈莲座状排列，具柄，椭圆状披针形，先端渐尖，全缘，亮绿色❷。总状花序，小花白色；花瓣3枚，雄蕊6～9枚❸。瘦果❹。

产地分布 原产南美洲巴西亚马孙河流域。我国华中、华南地区有引种栽培。

习性繁殖 喜阳光充足、温暖环境，耐寒。播种或分株繁殖。

园林用途 叶形优美，色泽青翠；花姿优雅，洁白的花瓣，淡黄色的花心，一尘不染、十分可人。宜作庭院观赏或水景营造。

小贴士：

皇冠草豪华艳丽，雄伟壮观，被称为水草之王。

鸭跖草科

紫竹梅 紫鸭跖草、紫锦草

Setcreasea purpurea Boom.

鸭跖草科紫竹梅属

花期6～10月

识别特征 多年生草本，高达30厘米❶❷。全株紫红色，枝茎柔软，呈下垂状。叶稍肉质，互生，披针形或长椭圆形，基部抱茎，叶面具暗色脉纹❸。聚伞花序缩短生枝顶，花小，紫色；苞片贝壳状。蒴果椭圆形❹。

产地分布 原产墨西哥。现热带地区广为栽培，我国南方常见栽培。

习性繁殖 喜半阴，忌阳光曝晒；喜温暖、湿润环境，不耐寒，较耐旱。扦插繁殖。

园林用途 植株全年呈紫红色，枝或蔓或垂，特色鲜明。宜作庭院观赏、地被植物或花坛。

紫背万年青 紫万年青、蚌兰、蚌花

Tradescantia spathacea Sw.

鸭跖草科紫万年青属

花期8～10月

识别特征 多年生草本，高达40厘米❶。茎粗厚且短，不分枝。叶互生，披针形，叶面暗绿色，叶背紫色，叶基部成鞘状。花序密集且多数，花白色，为两枚蚌壳状的苞片所包藏，花丝上有白色长毛❷。栽培种有小蚌兰'Compacta'，成株较小，叶小而密集，开花不易❸；条纹小蚌花'Dwarf Variegata'，叶面具黄白色纵条纹❹。

产地分布 原产古巴和墨西哥。现热带、亚热带地区广为栽培，我国南方常见栽培。

习性繁殖 耐半阴，忌强光直射；喜温暖、多湿环境，不耐干旱和瘠薄。播种、扦插或分株繁殖。

园林用途 叶面光亮翠绿，叶背深紫。宜作庭院观赏、地被植物或花坛。

吊竹梅 斑叶鸭跖草、吊竹草

Tradescantia zebrina Bosse

鸭跖草科紫万年青属

花期6~8月

鸭跖草科

识别特征 多年生草本，高达30厘米❶❷。茎上有粗毛，茎叶略肉质。叶互生，基部鞘状，全缘，叶面银白色，中部及边缘紫色，叶背紫色❸。花小，紫红色，苞片叶状，小花数朵聚生在苞片内❹。果为蒴果。

产地分布 原产墨西哥。现世界各地广为栽培，我国南方常见栽培，或逸为野生。

习性繁殖 耐半阴，忌强光直射；喜温暖、多湿环境，不耐干旱和瘠薄。播种或扦插繁殖。

园林用途 枝叶匍匐悬垂，叶色紫、绿、银色相间，光彩夺目。宜作庭院观赏、垂直绿化、地被植物或花径。

小贴士：

其叶形似竹、叶片美丽常以盆栽悬挂室内，观赏其四散柔垂的茎叶，故名之。

黄苞蝎尾蕉 金鸟赫蕉

Heliconia latispatha Benth.

旅人蕉科蝎尾蕉属

花期5～10月

识别特征 多年生草本，高达2.5米❶❷。单叶互生，长椭圆状披针形，革质，有光泽，深绿色，全缘❸。穗状花序，顶生，直立，花序轴黄色，微曲成"之"字形船形，苞片金黄色，长三角形，顶端边缘带绿色；舌状花小，绿白色❹。种子坚硬，黑色。

产地分布 原产巴西。我国海南、广东、云南、台湾、厦门、北京等地有引种。

习性繁殖 喜光；喜温暖、湿润环境。播种或分株繁殖。

园林用途 株型美观，花枝挺拔，花色艳丽，花序形状酷似蝎尾。宜作庭院观赏或切花。

金嘴蝎尾蕉 垂序蝎尾蕉、垂花火鸟蕉

Heliconia rostrata Ruiz & Pav.

旅人蕉科蝎尾蕉属

花期5～10月

旅人蕉科

识别特征 多年生草本，高达2.5米❶。叶革质，有光泽，互生、直立、狭披针形或带状阔披针形，叶柄鞘状，抱茎而生，近似芭蕉。穗状花序，花梗自叶腋抽出，下垂；花序顶生，排成二列，互不覆盖，基部红色，渐尖黄色，边缘绿色❷。同属种有直立蝎尾蕉*H. stricta*，花序直立❸❹。

产地分布 原产美洲热带地区阿根廷至秘鲁一带。我国华南地区有栽培。

习性繁殖 喜半阴；喜温暖、湿润环境，不耐寒；喜排水良好、肥沃疏松的中性至微酸性土壤。播种或分株繁殖。

园林用途 花色艳丽，花姿奇特，花期较长。宜作庭院观赏或切花。

黄丽鸟蕉　黄蝎尾蕉、黄鸟蕉、黄丽鸟赫蕉

Heliconia subulata Ruiz & Pav.

旅人蕉科蝎尾蕉属

花期春季至秋季

旅人蕉科

识别特征　多年生草本，高达2米❶。地下具有粗壮肉质根，无明显地上茎。叶披针形或长椭圆形，长柄，鞘抱茎而生。花顶生，花茎直立，花序三角状，分歧苞4～5枚，形状酷似鸟嘴尖❷。蒴果。栽培种有鹦鹉蝎尾蕉 *H. psittacorum* 'Rubra'，花苞片玫瑰红色，内有金属光泽，小花橙黄色❸❹。

产地分布　原产巴西。我国南方广为栽植。

习性繁殖　喜光；喜温暖、湿润环境；要求深厚且排水良好的土壤。播种或分株繁殖。

园林用途　花形优雅别致，花色艳丽。宜作庭院观赏、绿篱、花坛或切花。

旅人蕉 扇芭蕉、孔雀树

Ravenala madagascariensis Adans.Fam.Pl.

旅人蕉科旅人蕉属

花期冬季至翌年春季

识别特征 常绿乔木状草本，高达6米❶❷，树干像棕榈。叶2行排列于茎顶，像一把大折扇，叶片长圆形，似蕉叶。花序腋生，花序轴每边有佛焰苞5～6枚，花朵排成蝎尾状聚伞花序；萼片披针形，革质；花瓣与萼片相似❸❹。蒴果，种子肾形。

产地分布 原产非洲马达加斯加。我国海南、广东、台湾等地常见栽培。

习性繁殖 喜光，耐半阴；喜高温、多湿环境；要求疏松、肥沃、排水良好的土壤，忌积涝。播种或分株繁殖。

园林用途 叶片奇异，姿态优美，飘逸别致，极富热带风光。宜作庭院观赏。

小贴士：

传闻在马达加斯加旅行的人口渴时，可用小刀戳穿叶柄基部得水而饮，故名。旅人蕉是"国际植物园保护联盟（SGCI）"的图标。

❶

❷

❸

❹

鹤望兰 极乐鸟、天堂鸟

Strelitzia reginae Aiton

旅人蕉科鹤望兰属

花期冬季

识别特征 多年生草本，高达1.5米❶。无茎。叶片长圆状披针形，顶端急尖，基部圆形或楔形，下部边缘波状；叶柄细长。花数朵生于一约与叶柄等长或略短的总花梗上，下托一佛焰苞；佛焰苞舟状，绿色，边紫红；萼片披针形，橙黄色；箭头状花瓣暗蓝色❷。同属种有大鹤望兰*S. nicolai*，植株有明显的木质树干，高可达8米❸；花较大，萼片白色❹。

产地分布 原产非洲南部。我国南方各地均有栽培，北方则为温室栽培。

习性繁殖 喜温暖、湿润和阳光充足环境，不耐寒。播种、扦插或分株繁殖。

园林用途 四季常青，叶大姿美，花形奇特。宜作庭院观赏或花坛。

草豆蔻 海南山姜

Alpinia hainanensis K. Schum.

姜科山姜属

花期4～6月，果期5～8月

姜科

识别特征 多年生草本，高达3米❶。叶片线状披针形，顶端渐尖，并有一短尖头，两边不对称，边缘被毛。总状花序顶生，直立，花序轴淡绿色，被粗毛；小苞片乳白色，阔椭圆形；花冠裂片边缘稍内卷，唇瓣三角状卵形，黄色，具自中央向边缘放射的彩色条纹❷。果球形，熟时金黄色❸。同属种有红花月桃（紫红月桃、红姜花）*A. purpurata*，花红色，塔形❹。

产地分布 产于海南、广东、广西等地。

习性繁殖 喜温暖、阴湿环境，不耐强烈日光直射，怕旱，耐轻霜，喜肥沃肥、湿润的微酸性壤土。播种或分株繁殖。

园林用途 叶色亮绿，花序极为美丽。宜作庭院观赏。

花叶艳山姜 花叶良姜

Alpinia zerumbet 'Variegata'

姜科山姜属

花期6～7月，果期7～10月

姜科

识别特征 多年生草本，高达2米❶❷。叶革质，具鞘，长椭圆形，两端渐尖，叶面有金黄色纵条纹，富有光泽。圆锥花序呈总状花序式，花序下垂，花蕾包藏于总苞片中，花白色，边缘黄色，顶端红色，唇瓣广展，花大而美丽并具有香气❸；花弯近钟形，花冠白色❹。原变种艳山姜 A. zerumbet，叶片绿色；果熟时橙红色。

产地分布 原产于亚热带地区。我国东南部至南部各地城市均有栽培。

习性繁殖 喜阴；喜高温、多湿环境，不耐寒，怕霜雪；喜肥沃、湿润的土壤。播种或分株繁殖。

园林用途 叶片宽大，色彩绚丽迷人，花姿雅致，花香诱人。宜作庭院观赏。

姜科

闭鞘姜 水蕉花、白石笋、雷公笋

Costus speciosus (Koen.) Smith

姜科闭鞘姜属

花期7～9月，果期9～11月

识别特征 多年生草本，高达3米，旋卷❶。叶片长圆形或披针形，顶端渐尖或尾状渐尖，叶背密被绢毛。穗状花序顶生，椭圆形或卵形；苞片卵形，革质，红色，小苞片淡红色；花萼革质，红色；花冠管短，白色或顶部红色；唇瓣宽喇叭形，纯白色❷。蒴果稍木质，红色；种子黑色。同科种有红球姜*Zingiber zerumbet*，花序球果状，初时淡绿色，后变红色；花唇瓣淡黄色❸❹。

产地分布 产于海南、台湾、广东、广西、云南等地，热带亚洲广布。

习性繁殖 喜半阴、高温、多湿环境，不耐寒。播种、分株或扦插繁殖。

园林用途 花色洁白，清雅秀丽，姿态螺旋优雅。宜作庭院观赏或花坛。

小贴士：

叶鞘抱茎不开裂，故名之。

姜花 野姜花、蝴蝶姜、白蝴蝶花

Hedychium coronarium Koen.

姜科姜花属

花期8～12月

姜科

识别特征 多年生草本，高达2米❶❷。叶片长圆状披针形或披针形，顶端长渐尖，基部急尖，叶面光滑，叶背被短柔毛；无柄❸。穗状花序顶生，椭圆形；苞片呈覆瓦状排列，每一苞片内有花2～3朵；花芳香，白色❹。

产地分布 原产亚洲热带，印度、越南、马来西亚至澳大利亚有分布。我国海南、四川、广东、广西、云南、湖南、台湾等地有栽培。

习性繁殖 喜高温高湿稍荫环境，不耐寒，抗旱能力差；在微酸性的肥沃砂质壤土中生长良好。播种或分株繁殖。

园林用途 花美丽，白色，芳香，十分幽雅耐看。宜作切花或庭院观赏。

小贴士：

其花可食，是一种新兴的绿色保健食用蔬菜。花语是将记忆永远留在夏天。

粉美人蕉 粉背美人蕉、粉花美人蕉

Canna glauca L.

美人蕉科美人蕉属

花期春季至秋季

美人蕉科

识别特征 多年生草本，高达2米❶。叶片披针形，顶端急尖，基部渐狭，绿色，被白粉。总状花序疏花，单生或分叉，稍高出叶上；花色多样，有纯黄色与粉红色等花色；萼片卵形，绿色❷。蒴果长圆形。同属种有安旺美人蕉 *C. generalis* 'En Avant'，花黄色，花瓣密布红色斑纹❸❹。

产地分布 原产热带美洲。世界各地广为栽培。

习性繁殖 喜光；喜温暖湿润环境，不耐寒；喜疏松肥沃、排水良好的砂土壤。播种或分株繁殖。

园林用途 花大而美，颜色种种。宜作庭院观赏、花坛或花径。

美人蕉 蕉芋

Canna indica L.

美人蕉科美人蕉属

花果期3～12月

识别特征 多年生宿根草本，高达1.5米❶。叶片卵状长圆形。总状花序疏花；花红色，单生；苞片卵形，绿色；花冠裂片披针形，绿色或红色；外轮退化雄蕊2～3枚，鲜红色❷。蒴果绿色，长卵形，有软刺。栽培种有黄花美人蕉'Flava'，花冠黄色❸❹。

产地分布 原产印度。我国南北各地常有栽培。

习性繁殖 喜温暖和阳光充足环境，不耐寒，对土壤要求不严；喜疏松肥沃、排水良好的砂土壤。播种或分株繁殖。

园林用途 花大色艳，色彩丰富，株型优雅。宜作庭院观赏、花坛或花径。

小贴士：

佛教的说法，美人蕉是由佛祖脚趾所流出的血变成的。花语是坚实的未来。

孔雀竹芋 孔雀肖竹芋、蓝花蕉

Calathea makoyana E. Morren

竹芋科肖竹芋属

花期夏季

竹芋科

识别特征 多年生草本，高达30厘米❶❷。有地下茎，无直立茎。叶丛生，椭圆形，薄革质，上面灰白色；侧脉上近中脉处有椭圆形绿色斑块，侧脉先端绿色；叶背淡红色❸。同属种有箭羽竹芋*C. insignis*，叶面暗绿色，中脉两侧斜向上的绿色条斑，叶背紫红色❹。

产地分布 原产巴西。我国南方有栽培。

习性繁殖 喜高温、多湿和半阴环境，不耐寒，忌强光直射，忌积水；宜选用微酸性腐叶土或泥炭土。扦插或分株繁殖。

园林用途 典型的观叶植物，风姿绰约，独具魅力。宜作庭院观赏或盆栽。

小贴士：

叶面上有墨绿与白色或淡黄相间的羽状斑纹，就像孔雀尾羽毛上的图案，因而得名。

银羽竹芋　毛柄银羽竹芋、绿羽肖竹芋

Ctenanthe setosa (Roscoe) Eichler

竹芋科栉花芋属

花期夏秋季

竹芋科

识别特征　多年生草本，高达90厘米❶❷。具匍匐茎。叶密簇，披针形，全缘无波浪；上面暗绿色，沿侧脉有长短相间的银灰色斑条直至叶缘，斑条呈歪披针形，下面紫红色；叶柄具长柔毛❸。总状花序成对。同属种有紫背栉花竹芋（银羽栉花竹芋）*C. oppenheimiana*，叶面深绿色，具有淡绿、白至淡粉红色羽状斑彩，叶柄及叶背暗红色❹。

产地分布　原产巴西。我国南方有栽培。

习性繁殖　喜温暖、湿润、半阴环境，忌强光直射，不耐寒。扦插或分株繁殖。

园林用途　株型优美，花色艳丽。宜作庭院观赏或盆栽。

紫背竹芋 红背竹芋、红背卧花竹芋

Stromanthe sanguinea Sond.

竹芋科紫背竹芋属

花期冬季至翌年春季

竹芋科

识别特征 多年生草本，高达1.5米❶❷。叶在基部簇生，具短柄。叶片长椭圆形至宽披针形，叶面深绿色，有光泽，厚革质，叶背紫褐色❸。花两性，不对称，圆锥花序顶生，苞片及萼片鲜红色，花瓣白色❹。果为蒴果或浆果状；种子有胚乳和假种皮。

产地分布 原产中美洲及巴西。我国南部各地区均有栽培。

习性繁殖 喜温暖、潮湿、荫蔽环境，不耐干旱，较耐热，稍耐寒；喜疏松、肥沃、湿润而排水良好的酸性土壤。扦插或分株繁殖。

园林用途 枝叶茂密，叶面浓绿亮泽，叶背紫红色，对比鲜明。宜作庭院观赏或花坛。

水竹芋 再力花、水莲蕉

Thalia dealbata Fraser

竹芋科水竹芋属

花期7～9月

竹芋科

识别特征 多年生挺水草本，高达2.5米❶。叶基生，下部鞘状，叶硬纸质，边缘紫色，全缘❷。复穗状花序顶生，萼片紫色；花冠筒短柱状，淡紫色，唇瓣上部暗紫色，下部淡紫色❸。蒴果近圆球形。同属种有垂花水竹芋 *T. geniculata*，穗状花序细长，弯垂；花瓣4枚，上部两枚淡紫色，下部两枚白色，状似蝴蝶❹。

产地分布 原产美国南部和墨西哥。我国华南和华中地区有引种栽培。

习性繁殖 喜光，稍耐阴；喜温暖、水湿环境，不耐寒，不耐干旱。播种或分株繁殖。

园林用途 株型美观洒脱，叶色翠绿可爱，花色艳丽。宜作庭院观赏。

小贴士：

花语是清新可人。

非洲天门冬

Asparagus densiflorus (Kunth) Jessop

百合科天门冬属

花期5～7月，果期秋冬季

百合科

识别特征 常绿半灌木，高达1米❶。茎和分枝有纵棱。叶状枝成簇，扁平，条形，先端具锐尖头❷；茎上的鳞片状叶基部具长约3～5毫米的硬刺，分枝上的无刺。总状花序单生或成对，通常具十几朵花；花白色❸。浆果，熟时红色❹，具1～2颗种子。

产地分布 原产非洲南部，现已被世界各地广泛栽培。海南各地常见栽培。

习性繁殖 喜半阴；怕强光低温，喜温暖湿润环境，不耐寒，耐干旱和瘠薄；喜土层深厚、疏松肥沃、湿润且排水良好的砂壤土。分株繁殖。

园林用途 叶色四季常青，枝叶青翠，细密而优雅，花果亦美。宜作庭院观赏或花坛。

文竹

Asparagus setaceus (Kunth) Jessop

百合科天门冬属

花期9～10月，果期冬季至翌年春季

识别特征 多年生攀援草本，高达1米❶❷。根稍肉质，细长。茎的分枝极多，分枝近平滑。叶状枝通常每10～13枚成簇，刚毛状，略具三棱；鳞片状叶基部稍具刺状距或距不明显❸❹。花通常每1～4朵腋生，白色，有短梗。浆果，熟时紫黑色。

产地分布 原产非洲南部。我国各地常见栽培。

习性繁殖 喜温暖、湿润和半阴通风环境，忌阳光直射，不耐严寒，不耐干旱。播种或分株繁殖。

园林用途 葱茏苍翠，似碧云重叠，文静优美。宜作庭院观赏或垂直绿化。

小贴士：
文竹乃"文雅之竹"的意思，象征永恒、朋友纯洁的心、永远不变。

吊兰 钓兰、挂兰、垂盆吊兰

Chlorophytum comosum (Thunb.) Baker

百合科吊兰属

花期5～11月，果期8月

百合科

识别特征 多年生常绿草本，高达30厘米❶。叶剑形，绿色或有黄色条纹，向两端稍变狭。花葶比叶长，有时长可达50厘米，常变为匍枝而在近顶部具叶簇或幼小植株；花白色，常2～4朵簇生❷。蒴果三棱状扁球形。栽培种有银边吊兰'Variegatum'，叶中间绿色，边缘具白纹❸❹。

产地分布 原产非洲南部。我国各地广泛栽培。

习性繁殖 喜温暖、湿润和半阴环境，较耐旱，不甚耐寒，不择土壤。播种、扦插或分株繁殖。

园林用途 四季常青，花葶悬垂或匍匐，姿态优雅。宜作庭院观赏或花坛。

小贴士：

花语是无奈而又给人希望。

银边山菅兰 花叶山菅兰

Dianella ensifolia 'Silvery Stripe'

百合科山菅属

花期夏季

百合科

识别特征 多年生草本，高达70厘米❶。茎横走，结节状，节上有细而硬的细根。叶近基生，2列，革质，边缘有白色边或淡黄色。花葶从叶丛中抽出，圆锥花序，花多朵，淡紫色❷。浆果近球形，紫蓝色。原变种山菅兰 *D. ensifolia*，叶狭条状披针形，绿色❸❹。

产地分布 我国华南地区多有栽培。

习性繁殖 耐半阴；喜高温、高湿环境，也耐低温，耐旱；不拘土质。分株繁殖。

园林用途 株型优美，叶色秀丽，叶边缘具银白色条纹，清逸美观。宜作庭院观赏、地被植物或花坛。

海南龙血树 小花龙血树、柬埔寨龙血树

Dracaena cambodiana Pierre ex Gagnep.

百合科龙血树属

花期7月，果期7～8月

识别特征 常绿乔木，高达4米❶。叶聚生于茎、枝顶端，剑形，抱茎。圆锥花序，花每3～7朵簇生，绿白色或淡黄色❷。浆果圆球形❸。同属种有长花龙血树*D. angustifolia*，叶生于茎上部或近顶端，彼此有一定距离，圆锥花序长30～50厘米❹。

产地分布 产于海南，也分布于越南、柬埔寨。现热带地区广为栽培。

习性繁殖 喜阳光充足，喜高温、多湿环境。播种或扦插繁殖。

园林用途 株型优美规整，叶形叶色多姿多彩。宜作园景树或庭院观赏。

小贴士：

传说，龙血树是在巨龙与大象交战时血洒大地而生，故名之。其树汁为一种树脂，暗红色，也为名贵的中药，名为"血竭"或"麒麟竭"。

巴西铁 香龙血树、巴西木

Dracaena fragrans (L.) Ker-Gawl.

百合科龙血树属

花期5～6月

百合科

识别特征 常绿乔木，高达6米❶。茎干直立。叶集生茎端，叶狭长椭圆形，绿色，革质，或具有不同颜色的条纹。圆锥花序顶生，花小，淡黄色，芳香。浆果球形，红色。变种有金心巴西铁var. *massangeana*，叶片中央有一金黄色宽条纹，两边绿色❷；花白色 ❸❹。

产地分布 原产热带和亚热带非洲、亚洲、大洋洲以及大西洋的群岛。我国云南、广西有分布，华南地区多有栽培。

习性繁殖 喜光照充足、高温、高湿环境，亦耐阴，忌阳光直射，耐干燥；喜疏松、排水良好砂质土壤。扦插繁殖。

园林用途 树干粗壮，叶片剑形，碧绿油光。宜作园景树或庭院观赏。

千年木 红边铁、红边龙血树

Dracaena marginata Hort.

百合科龙血树属

花期秋季

百合科

识别特征 常绿灌木或小乔木，高达3米❶。叶片细长，剑形，在茎的顶端聚生；叶中间深绿色，叶缘有狭的紫红色或鲜红色条纹，新叶向上伸长，老叶垂悬状，下部的叶老后会脱落，在茎上留下菱形的叶痕。圆锥花序，花小，白色，芳香。浆果球形，橘黄色。栽培种有三色千年木'Tricolor'，绿色叶片上有乳白色、黄白色、红色的条纹❷❸❹。

产地分布 原产马达加斯加。世界热带、亚热带普遍栽培，我国南方有栽培。

习性繁殖 喜光，耐半阴；喜温暖、湿润环境，不甚耐寒，不耐干旱，忌积水。扦插繁殖。

园林用途 叶色艳丽，株型清秀。宜作庭院观赏或花坛。

金黄百合竹 金心百合竹

Dracaena reflexa 'Song of Jamaica'

百合科龙血树属

花期冬季至翌年春季

百合科

识别特征 常绿灌木，高达6米❶。茎稍木质，常弯曲，无分枝。叶螺旋状着生，密集，叶片带状披针形，绿色，中部有黄色纵纹，有光泽。圆锥花序单生或分枝，常反折；花白色❷。浆果近球形。原变种百合竹 *D. reflexa*，叶绿色❸；圆锥花序❹。

产地分布 园艺种，华南及西南有栽培。

习性繁殖 喜高温、高湿的环境，忌阳光直射，喜半阴，不耐寒，耐旱也耐湿。可扦插繁殖。

园林用途 枝繁叶茂，叶片潇洒飘逸、美观，耐阴性好。宜作庭院观赏。

富贵竹 万年竹、竹蕉

Dracaena sanderiana Sander ex Mast

百合科龙血树属

花期春季

百合科

识别特征 常绿灌木，高达2米❶。茎直立，常不分枝❷。叶互生，长披针形，中部绿色，有白色线纹，两侧边缘白色，基部抱茎❸。伞形花序，花冠钟状，花被片6枚，紫色❹。

产地分布 原产加利群岛及非洲和亚洲热带地区。现世界热带地区有栽培，我国南方广泛栽培。

习性繁殖 喜散射光，忌烈日曝晒；喜温暖、湿润和较荫蔽环境；喜肥沃、疏松的土壤。扦插或分株繁殖。

园林用途 姿态潇洒，茎叶纤秀，柔美优雅；叶色浓绿，富有竹韵，且品种众多，极具观赏价值。宜作庭院观赏。

小贴士：

象征花开富贵、竹报平安、大吉大利、富贵一生。

银纹沿阶草 间型沿阶草

Ophiopogon intermedius 'Argenteo-marginatus'

百合科沿阶草属

花期5～8月，果期8～10月

识别特征 多年生草本，高达30厘米❶❷❸。植株常丛生，根细长，分枝多，近末端具椭圆形或纺锤形小块根，茎很短。叶丛生，无柄，窄线形，革质，叶面有银白色纵纹，边缘具细齿，叶端弯垂。总状花序具15～20朵花，花常单生或2～3朵簇生苞片腋内，花小，淡蓝色❹。种子椭圆形。

产地分布 产于我国华中、华东、东南、华南及西南各地，东南亚、南亚各国也有分布。

习性繁殖 喜温暖、湿润、半阴及通风良好环境，稍耐寒；喜疏松、肥沃且排水良好的土壤。播种或分株繁殖。

园林用途 叶色美观，观赏价值高。宜作地被植物或花坛。

麦冬

Ophiopogon japonicus (L. f.) Ker-Gawl.

百合科沿阶草属

花期5～8月，果期8～9月

百合科

识别特征 多年生草本，高达20厘米❶❷。茎很短，叶基生成丛，宽1.5～3.5毫米，禾叶状，边缘具细锯齿。花葶通常比叶短得多，总状花序具几朵至十几朵花；花被片常稍下垂而不展开，白色或淡紫色。种子球形，碧蓝色。相近种有山麦冬（土麦冬）*Liriope spicata*，叶宽4～6毫米；花淡紫色或淡蓝色❸❹。

产地分布 产于我国陕西、河北及华东、华南、华中及西南各地，也分布于日本、越南、印度。

习性繁殖 喜温暖、湿润、半阴及通风良好环境，极耐寒；喜富含腐殖质、肥沃且排水良好的砂质壤土。分株繁殖。

园林用途 叶色终年浓绿。宜作庭院观赏、地被植物或花坛。

象脚丝兰 荷兰铁、巨丝兰

Yucca elephantipes Regel

百合科丝兰属

花期夏秋季

识别特征 常绿灌木，高达10米❶❷。茎干粗壮、直立，常分枝，褐色，有明显的叶痕，茎基部可膨大为近球状，似象腿❸。叶窄披针形，着生于茎顶端，末端急尖，革质，坚韧，全缘，绿色，无柄。圆锥花序，白色❹。

产地分布 原产北美洲。现世界热带地区广泛栽培，我国南方有栽培。

习性繁殖 喜阳也耐阴，喜温，耐旱，耐寒力强，对土壤要求不严，以疏松、富含腐殖质的壤土为佳。播种或扦插繁殖。

园林用途 株型规整，茎干粗壮，叶片坚挺翠绿，极富阳刚、正直之气质。宜作园景树或庭院观赏。

凤尾丝兰 菠萝花

Yucca gloriosa L.

百合科丝兰属

花期7～9月

百合科

识别特征 常绿灌木，高达1米❶。茎短，叶剑形、坚硬，密生成莲座状，有稀疏的丝状纤维，微灰绿色，顶端为坚硬的刺，呈暗红色。花葶高1～2米，大型圆锥花序，有花多朵，白色至乳白色，顶端常带紫红色，下垂，钟形❷❸。同属种有丝兰*Y. smalliana*，茎很短或不明显❹。

产地分布 原产南北美洲。海南各地多有栽培。

习性繁殖 喜温暖湿润和阳光充足环境，耐阴，耐寒，耐旱也较耐湿；对土壤要求不严。播种或分株繁殖。

园林用途 常年浓绿，树态奇特，花叶皆美；花色洁白，姿态优美，花期持久，幽香宜人。宜作园景树或庭院观赏。

❶

❷

❸

❹

梭鱼草 海寿花

Pontederia cordata L.

雨久花科梭鱼草属

花果期5~10月

雨久花科

识别特征 多年生挺水草本，高达1.5米❶。叶柄横切断面具膜质物；叶片光滑，呈橄榄色，倒卵状披针形；叶基生广心形，端部渐尖。穗状花序顶生，小而密集，花蓝紫色带黄斑点❷。果实初期绿色，成熟后褐色；果皮坚硬，种子椭圆形。同科种有高葶雨久花 *Monochoria elata*，叶基部裂片较深；花葶直立，可达2米❸❹。

产地分布 原产北美。我国华南地区有栽培。

习性繁殖 喜温暖、湿润和光照充足环境，不耐寒，喜静水。播种或分株繁殖。

园林用途 叶色翠绿，花色迷人，花期较长。宜作庭院观赏。

广东万年青 亮丝草

Aglaonema modestum Schott ex Engl.

天南星科广东万年青属

B

花期5月，果期10~11月

识别特征 多年生草本，高达70厘米❶❷。鳞叶草质，披针形，长渐尖，基部扩大抱茎；叶片深绿色，卵形或卵状披针形，先端渐尖，基部钝或宽楔形，表面常下凹，背面隆起❸。花序柄纤细，佛焰苞长圆披针形，肉穗花序圆柱形，细长。浆果绿色至黄红色，长圆形。同属栽培种有银后亮丝草（粗肋草）*Aglaonema* 'Silver Queen'，叶面有灰白色条斑❹。

产地分布 产于海南、广东、广西至云南东南部，越南、菲律宾也有。

习性繁殖 耐阴，忌阳光直射；喜温暖、湿润环境，不耐寒。播种、扦插或分株繁殖。

园林用途 四季常绿，株型优美，叶色宽阔光亮。宜作庭院观赏。

海芋 狼毒、野山芋

Alocasia odora (Roxburgh) K. Koch

天南星科海芋属

花果期全年

天南星科

识别特征 多年生大型草本，高达5米❶。叶多数，叶柄绿色或污紫色，螺状排列；叶片亚革质，草绿色，箭状卵形。花序丛生，圆柱形，通常绿色，有时污紫色；檐部蕾时绿色，花时黄绿色、绿白色，凋萎时变黄色、白色。肉穗花序芳香，雌花序白色，不育雄花序绿白色，能育雄花序淡黄色❷。浆果红色，卵状❸❹。

产地分布 产于我国华南、西南及台湾等地的热带和亚热带地区，南亚及东南亚各国也有分布。

习性繁殖 耐阴，不宜强光照；喜高温、潮湿环境，不宜强风吹。播种、扦插或分株繁殖。

园林用途 树体挺拔，叶片硕大，花果美丽。宜作庭院观赏。

天南星科

红掌 安祖花、花烛
Anthurium andraeanum Linden
天南星科花烛属

花期全年

识别特征 多年生草本，高达60厘米❶❷。具肉质根，茎节短；叶自基部生出，具长柄，绿色，革质，全缘，长圆状心形或卵心形。花梗长，长超出叶片；佛焰苞平出，阔心形，革质并有蜡质光泽，橙红色或朱红色；肉穗花序无柄，圆柱形，黄色至黄绿色❸。相近种有火鹤花*A. scherzerianum*，肉穗花序弯曲，呈螺旋状❹。

产地分布 原产哥斯达黎加、哥伦比亚等南美洲热带地区。我国南方广为栽培。，

习性繁殖 喜温暖、潮湿、半阴环境，忌阳光直射。播种、分株或扦插繁殖。

园林用途 花叶俱美，花姿奇特美艳，高贵典雅，且花期持久。宜作庭院观赏或切花。

彩叶芋　五彩芋、花叶芋

Caladium bicolor (Ait.) Vent.

天南星科五彩芋属

花期4月

识别特征　多年生草本，高达60厘米。叶片表面满布各色透明或不透明斑点，背面粉绿色，戟状卵形至卵状三角形。肉穗花序，花序柄短于叶柄；佛焰苞管部卵圆形，外面绿色，内面绿白色、基部常青紫色。栽培种有透纹彩叶芋'Hok Long'，叶片淡桃色，叶脉绿色❶❷；罗尔石彩叶芋'Roy Stone'，叶中部和叶脉红色，外围至叶缘绿色❸❹。

产地分布　原产南美亚马孙河流域。我国南方常栽培，也有逸生的。

习性繁殖　喜高温、高湿和半阴环境，不耐低温和霜雪。分株繁殖。

园林用途　色泽美丽，变种极多。宜作庭院观赏或花坛。

小贴士：

花语是喜欢、欢喜、愉快。

天南星科

花叶万年青 黛粉叶、银斑万年青

Dieffenbachia picta (Lodd.) Schott

天南星科万年青属

花期冬季至翌年春季

识别特征 多年生草本，高达1米❶❷❸。叶片长圆形、长圆状椭圆形或长圆状披针形，基部圆形或锐尖，先端稍狭具锐尖头，二面暗绿色，发亮，脉间有许多大小不同的长圆形或线状长圆形斑块，斑块白色或黄绿色，不整齐❹。花序柄短；佛焰苞长圆披针形，狭长，骤尖；肉穗花序。浆果橙黄绿色。

产地分布 原产南美。我国海南、广东、福建等热带地区普遍栽培。

习性繁殖 喜温暖、湿润和半阴环境，忌强光曝晒，不耐寒、怕干旱。播种、分株或扦插繁殖。

园林用途 叶色斑绿，色彩明亮强烈，优美高雅。宜作庭院观赏或花坛。

①

②

③

④

绿萝 黄金葛

Epipremnum aureum (Linden et Andre) Bunting

天南星科麒麟叶属

识别特征 多年生藤本❶❷❸。多分枝，枝悬垂。下部叶片大，纸质，基部心形。成熟枝上叶柄粗壮，叶片薄革质，翠绿色，通常（特别是叶面）有多数不规则的纯黄色斑块，全缘，不等侧的卵形或卵状长圆形，先端短渐尖，基部深心形❹。

产地分布 原产所罗门群岛。现广植于亚洲各热带地区。

习性繁殖 喜阴，忌阳光直射；喜湿热环境；喜富含腐殖质、疏松肥沃、微酸性的土壤。扦插繁殖。

园林用途 缠绕性强，气根发达；叶色斑斓，四季常绿，长枝披垂。宜作庭院观赏或垂直绿化。

小贴士：

花语是守望幸福。

天南星科

麒麟叶 麒麟尾、飞天蜈蚣

Epipremnum pinnatum (L.) Engl.

天南星科麒麟叶属

花期4～5月

识别特征 木质藤本植物❶❷。茎圆柱形，粗壮，多分枝。叶片薄革质，幼叶狭披针形或披针状长圆形，基部浅心形，成熟叶宽的长圆形，基部宽心形，两侧不等地羽状深裂❸。花序柄圆柱形，粗壮，佛焰苞外面绿色，内面黄色，渐尖❹。肉穗花序圆柱形。种子肾形。

产地分布 产于海南、台湾、广东、广西、云南的热带地域，印度、马来半岛至菲律宾、太平洋诸岛以及大洋洲都有分布。

习性繁殖 耐阴，忌阳光直射；喜温暖、湿润环境，较耐旱，不耐寒。播种、扦插、压条或分株繁殖。

园林用途 叶形美丽，叶色清逸美观。宜作庭院观赏或垂直绿化。

龟背竹

Monstera deliciosa Liebm.

天南星科龟背竹属

天南星科

花期8~9月，果期翌年10月

识别特征 攀援灌木，高达2米❶❷。茎绿色，粗壮，具气生根。叶片大，轮廓心状卵形，厚革质，表面发亮，淡绿色，背面绿白色，边缘羽状分裂，侧脉间有1~2个较大的空洞；幼叶心脏形，无洞❸。肉穗花序近圆柱形，淡黄色❹。浆果淡黄色，柱头周围有青紫色斑点。

产地分布 原产墨西哥。世界热带地区多引种栽培，我国华南等地广为栽培。

习性繁殖 耐阴，忌阳光直射；喜温暖、湿润环境，不耐寒。播种、扦插或分株繁殖。

园林用途 株型优美，叶片形状奇特，叶色浓绿，且富有光泽。宜作庭院观赏或垂直绿化。

小贴士：

花语是健康长寿。

天南星科

春羽

Philodendron selloum K. Koch

天南星科喜林芋属

花期春季至夏季

识别特征 多年生草本，高达1.5米❶。茎极短，叶从茎的顶部向四面伸展，排列紧密、整齐，呈丛生状；叶柄坚挺而细长。叶为簇生型，着生于茎端，叶片巨大，为广心脏形，全叶羽状深裂似手掌状，革质，浓绿而有光泽。肉穗花序直立于佛焰苞内，花密集。同属种有红苞喜林芋*P. erubescens*，分枝节间淡红色；叶柄淡红色，鳞叶肉质、红色；叶片三角状箭形❷❸；同属栽培种金钻蔓绿绒*Philodendron* 'Con-go'，直立草本，叶质厚而翠绿❹。

产地分布 原产巴西、巴拉圭等地。我国华南亚热带地区多有栽培。

习性繁殖 喜高温、多湿环境，耐阴暗，不耐寒。扦插或分株繁殖。

园林用途 叶片巨大奇特，叶色浓绿，且富有光泽。宜作庭院观赏。

百足藤 蜈蚣藤

Pothos repens (Lour.) Druce

天南星科石柑属

花期3~4月，果期5~7月

识别特征 附生木质藤本❶❷。分枝较细，营养枝具棱，常曲折，贴附于树上。叶片披针形，向上渐狭，与叶柄皆具平行纵脉，叶柄长楔形，先端微凹❸。总花序柄腋生和顶生；肉穗花序黄绿色（雄蕊黄色，雌蕊淡绿），细圆柱形，花密，黄绿色。浆果成熟时焰红色，卵形❹。

产地分布 产于海南、广东、广西、云南等地，越南北部也有。

习性繁殖 喜温暖、湿润和半阴环境，不耐强光，较耐旱，不耐寒。压条或分株繁殖。

园林用途 植株型似蜈蚣，故名之。宜作庭院观赏或垂直绿化。

天南星科

合果芋

Syngonium podophyllum Schott

天南星科合果芋属

花果期夏秋季

识别特征 多年生蔓性草本❶。茎节具气生根，攀附他物生长。叶片呈两型性，幼叶为单叶，箭形或戟形；老叶成5～9裂的掌状叶，中间一片叶大型，叶基裂片两侧常着生小型耳状叶片。初生叶色淡，老叶呈深绿色，且叶质加厚。佛焰苞浅绿或黄色❷。果实红色。栽培种有白蝴蝶（银白合果芋）'White Butterfly'，叶淡绿色，中间白绿色❸；粉蝶合果芋'Pink Butterfly'，叶面呈粉红色，老叶变白绿色❹。

产地分布 原产中美、南美洲热带雨林。我国华南地区广为栽培。

习性繁殖 喜高温多湿和半阴的环境；不耐寒，怕干旱。扦插或分株繁殖。

园林用途 株态优美，叶形多变，色彩清雅。宜作庭院观赏或垂直绿化。

金钱树 雪铁芋

Zamioculcas zamiifolia Engl.

天南星科雪铁芋属

花期春季

识别特征 多年生草本，高达65厘米❶。地下茎膨大成球状，浅黄色❷。羽状复叶，小叶对生，厚革质，卵形或椭圆形，先端急尖，基部楔形，全缘，深绿色，具金属光泽；叶柄基部膨大❸。花序由地下的块根抽出，佛焰苞披针形，厚革质，外面绿色，里面白色；肉穗花序短，黄褐色❹。

产地分布 原产非洲热带。现世界热带地区常有栽培，我国华南各地广为栽培。

习性繁殖 喜暖热略干、半阴环境，忌强光曝晒，较耐干旱，但畏寒冷，忌积水。扦插或分株繁殖。

园林用途 叶形美观，叶色常绿。宜作庭院观赏。

石蒜科

文殊兰 十八学士

Crinum asiaticum var. *sinicum* Baker

石蒜科文殊兰属

花期4～10月，果期秋冬季

识别特征 多年生草本，高达1米❶❷。鳞茎长柱形。叶20～30枚，多列，带状披针形，顶端渐尖，具1急尖的尖头，边缘波状，暗绿色。花茎直立，几与叶等长，伞形花序有花10～24朵，佛焰苞状总苞片披针形；花高脚碟状，芳香；花被裂片线形，白色；雄蕊淡红色❸。蒴果近球形❹。

产地分布 产于福建、台湾、广东、广西等地。现世界各地广为栽培。海南常见栽培。

习性繁殖 喜温暖、湿润和光照充足环境，不耐寒，耐盐碱土；喜肥沃砂质壤土。播种或分株繁殖。

园林用途 植株素洁美观，花叶均美，芳香馥郁。宜作庭院观赏。

小贴士：

佛教"五树六花"之一。

龙须石蒜

Eucrosia bicolor Ker Gawl.

石蒜科龙须石蒜属

花期4～5

识别特征 多年生球根草本，高达50厘米❶。球茎圆形，叶片长卵形，叶基部狭长，先端渐尖，全缘，绿色❷。伞形花序，花红色❸❹。

产地分布 原产厄瓜多尔及秘鲁等地。我国华南地区常有栽培；海口金牛岭公园等公园绿地有栽种。

习性繁殖 喜光；喜温暖、湿润环境，不耐寒；喜肥沃、排水良好的微酸性壤土。分株繁殖。

园林用途 植株优美，花叶均可观赏；叶片圆形，花序高挺，花形优雅。宜作庭院观赏或花镜。

石蒜科

石蒜科

朱顶红　红花莲、清明花

Hippeastrum rutilum (Ker-Gawl.) Herb.

石蒜科朱顶红属

花期3～6月

识别特征　多年生球根草本，高达50厘米❶。叶在花后抽出，鲜绿色，带形。花茎中空，稍扁，具有白粉；花2～4朵；花被管绿色，圆筒状；花被裂片长圆形，洋红色，略带绿色，喉部有小鳞片，花丝红色❷。同属种有白肋朱顶红*H. reticulatum*，叶片中央有白色条纹，花具桃红色线纹❸❹。

产地分布　原产巴西。现世界各地广为栽培，我国南方多有栽种。

习性繁殖　喜温暖、湿润环境，不宜强光直射，不耐酷热，忌水涝。播种、扦插或分株繁殖。

园林用途　花大色艳，亭亭玉立。宜作庭院观赏或花镜。

小贴士：

花语是渴望被爱、追求爱。

水鬼蕉 蜘蛛兰

Hymenocallis littoralis (Jacq.) Salisb.

石蒜科水鬼蕉属

花期4～10月

识别特征 多年生草本，高达90厘米❶❷。叶10～12枚，剑形，顶端急尖，基部渐狭，深绿色，多脉，无柄❸。花茎扁平，佛焰苞状总苞片基部极阔；花茎顶端生花3～8朵，白色；花被管纤细，花被裂片线形，通常短于花被管❹。

产地分布 原产美洲热带。我国海南、福建、广东、广西、云南等地多引种栽培。

习性繁殖 喜光；喜温暖、湿润环境，不耐寒；喜肥沃的土壤。分株繁殖。

园林用途 叶姿健美，花形别致，亭亭玉立。宜作庭院观赏、花境或花坛。

石蒜科

葱兰 葱莲

Zephyranthes candida (Lindl.) Herb.

石蒜科葱莲属

花期7～10月

识别特征 多年生草本，高达30厘米❶❷。鳞茎卵形，具有明显的颈部。叶狭线形，肥厚，亮绿色❸。花茎中空；花单生于花茎顶端，下有带褐红色的佛焰苞状总苞；花白色，外面常带淡红色，几无花被管，花被顶端钝或具短尖头❹。蒴果近球形，种子黑色，扁平。

产地分布 原产南美。我国华中、华东、华南、西南等地均有引种栽培。

习性繁殖 喜光；喜温暖、湿润环境，耐半阴与低湿，较耐寒；宜肥沃、带有黏性而排水好的土壤。播种或分株繁殖。

园林用途 株丛低矮，终年常绿；花朵繁多，花期长。宜作庭院观赏、地被植物、花镜或花坛。

小贴士：
花语是初恋、纯洁的爱。

韭兰 韭莲、风雨花

Zephyranthes carinata Herb.

石蒜科葱莲属

花期4～9月

石蒜科

识别特征 多年生草本，高达30厘米❶❷。鳞茎卵球形。基生叶常数枚簇生，线形，扁平❸。花单生于花茎顶端，下有佛焰苞状总苞，总苞片常带淡紫红色，下部合生成管；花玫瑰红色或粉红色；花被裂片倒卵形，顶端略尖❹。蒴果近球形，种子黑色。

产地分布 原产南美。我国南北各地均有引种栽培。

习性繁殖 喜光；也耐半阴；喜温暖环境，但也较耐寒；喜土层深厚、排水良好的壤土或砂壤土。分株繁殖。

园林用途 株丛低矮，郁郁葱葱；开花繁茂，花色艳丽。宜作庭院观赏、地被植物、花镜或花坛。

小贴士：

常于花期内风雨前后开花，故名"风雨花"。

射干 野萱花、交剪草

Belamcanda chinensis (L.) Red.

鸢尾科射干属

花期6～8月，果期7～9月

识别特征 多年生草本，高达1米❶。根状茎为不规则的块状，黄色或黄褐色。叶互生，嵌迭状排列，剑形，基部鞘状抱茎❷。花序顶生，每分枝的顶端聚生有数朵花；花橙红色，散生紫褐色的斑点❸。蒴果倒卵形或长椭圆形；种子圆球形，黑紫色❹。

产地分布 产于全世界的热带、亚热带及温带地区。分布于我国绝大部分地区，也产于朝鲜、俄罗斯、日本、印度、越南、菲律宾等。

习性繁殖 喜温暖和阳光，耐干旱和寒冷；对土壤要求不严，忌低洼地和盐碱地。播种或分株繁殖。

园林用途 花形飘逸，花色艳丽。宜作庭院观赏或花镜。

小贴士：

因枝叶造型像篆书的"干"，根茎挺拔如弓，故名之。

巴西鸢尾 美丽鸢尾

Neomarica gracilis (Herb.) Sprague

鸢尾科巴西鸢尾属

花果期4～9月

识别特征 多年生草本，高达50厘米❶。叶从基部根茎处抽出，呈扇形排列。叶革质，深绿色。花茎扁平似叶状，但中肋较明显突出，花从花茎顶端鞘状苞片内开出，花有6瓣，3瓣外翻的白色苞片，基部有红褐色斑块，另3瓣直立内卷，蓝紫色并有白色线条❷❸。相近种有鸢尾 *Iris tectorum*，花蓝紫色，柔软❹。

产地分布 原产巴西。我国华南地区常见栽培。

习性繁殖 耐阴；喜高温、多湿环境；喜肥沃的壤土。播种或分株繁殖。

园林用途 花形及花色独特高雅，风韵秀气，花香淡雅。宜作庭院观赏或花坛。

小贴士：

鸢尾花因花瓣形如鸢鸟尾巴而故得名。

龙舌兰 番麻

Agave americana L.

龙舌兰科龙舌兰属

花期6～7月

识别特征 多年生草本，高达2米❶。叶呈莲座式排列，大型，肉质，倒披针状线形，叶缘具有疏刺，顶端有1硬尖刺，刺暗褐色❷。圆锥花序大型，多分枝；花黄绿色。蒴果长圆形。栽培种有银边龙舌兰'Marginata-alba'，叶缘有白色条带镶边❸❹。

产地分布 原产美洲热带。我国华南及西南各地常引种栽培。

习性繁殖 喜温暖、干燥和阳光充足环境，不耐阴，稍耐寒；以疏松、肥沃及排水良好的砂质土壤为宜。播种、分株或扦插繁殖。

园林用途 树型美观，叶片坚挺，花序巨大，极为美观。宜作庭院观赏。

小贴士：

花序巨大，高7～8米，是世界上最长的花序。

花语是为爱付出一切。

金边龙舌兰 黄边龙舌兰、金边假菠萝

Agave americana var. *marginata* Trel.

龙舌兰科龙舌兰属

花期夏季

识别特征 多年生草本，高达1.5米❶。茎短、稍木质。叶多丛生，呈剑形，大小不等，质厚，平滑，绿色，边缘有黄白色条带镶边，有红或紫褐色刺状锯齿❷。花叶有多数横纹，花黄绿色，肉质❸。开花后花序上生成珠芽❹。蒴果长椭圆形；种子多数，扁平，黑色。

产地分布 原产美洲热带。我国华南、西南等地有栽培。

习性繁殖 喜温暖、光线充足环境，耐旱性极强；要求疏松透水的土壤。播种或分株繁殖。

园林用途 株型奇特，叶形美观，花形漂亮。宜作庭院观赏。

小贴士：

龙舌兰、丝兰与剑麻的区别：龙舌兰茎极短，叶缘具疏刺。丝兰植株矮小，叶长30～75厘米，叶缘无刺；花序高1米左右，花白色。剑麻植株高大，叶长1米以上，叶缘无刺或偶而具刺；花序高可达6米，花黄绿色。

剑麻 菠萝麻

Agave sisalana Perr. ex Engelm.

龙舌兰科龙舌兰属

花期秋冬季

识别特征 多年生草本，高达2米❶。叶呈莲座式排列，叶肉质，剑形，叶缘无刺或偶而具刺，顶端有1硬尖刺，刺红褐色。圆锥花序粗壮，高可达6米；花黄绿色，有浓烈的气味，花丝黄色❷。蒴果长圆形❸。同科种有中斑缝线麻*Furcraea foetida*'Mediopicta'，幼叶中部具乳黄色纵纹，成熟叶纵纹变为灰白色，边缘无刺❹。

产地分布 原产墨西哥。我国华南及西南各地引种栽培。

习性繁殖 喜高温、多湿和雨量均匀的高坡环境，耐旱，耐贫瘠。分株繁殖。

园林用途 树态奇特，常年浓绿，叶形如剑；花茎高耸挺立，花色洁白，且姿态优美，幽香宜人。宜作庭院观赏。

小贴士：

世界有名的纤维植物，所含硬质纤维品质最为优良。

酒瓶兰

Beaucarnea recurvata Lem.

龙舌兰科酒瓶兰属

花期夏季

识别特征 常绿小乔木，高达3米❶❷。不分枝，或少分枝；茎形状奇特，干的基部特别膨大，状如酒瓶❸。膨大部分具厚木栓层的树皮，且龟裂成小方块。叶细长，线性，薄革质，下垂，叶缘具细锯齿。圆锥花序顶生，花黄白色❹。

产地分布 原产美洲。现世界热带、亚热带地区广泛栽培，我国南方有栽培。

习性繁殖 喜温暖、湿润和阳光充足环境，较耐旱、耐寒；喜肥沃、排水通气良好、富含腐殖质的砂质壤土。播种或扦插繁殖。

园林用途 茎干挺拔丰腴，线叶亮丽流畅，外形奇特。宜作庭院观赏。

小贴士：

花语是落落大方。

朱蕉

Cordyline fruticosa (L.) A. Cheval.

龙舌兰科朱蕉属

花期11月至翌年3月，果期秋冬季

识别特征 常绿灌木，高达3米❶。叶聚生于茎或枝的上端，矩圆形至矩圆状披针形，绿色或带紫红色，叶柄有槽，基部变宽，抱茎。圆锥花序，侧枝基部有大的苞片，每朵花有3枚苞片；花淡红色、青紫色至黄色；花柱细长。浆果球形。栽培种有亮叶朱蕉'Aichiaka'，新叶鲜红色，后渐变为绿色或紫褐色，有艳红色边缘❷❸❹。

产地分布 原产亚洲热带及太平洋岛屿。我国中南部广泛栽培。

习性繁殖 喜半阴；喜高温、多湿环境，不耐寒；喜富含腐殖质和排水良好的酸性土壤，忌碱土。播种、扦插或压条繁殖。

园林用途 株型美观，色彩华丽高雅。宜作庭院观赏或花坛。

矮密叶朱蕉

Cordyline fruticosa 'Miniature marron'

龙舌兰科朱蕉属

识别特征 常绿灌木，高达80厘米❶。丛生状，茎干直立。叶片簇生于茎顶端，叶长椭圆形，叶面绿色，幼叶黑褐色❷。栽培种有乳白边朱蕉'Cameroon'，多年生常绿草本；小型品种，具肉质地下茎；叶亮褐黑绿色，边缘乳白黄色❸。同科种有缟叶竹蕉（金边竹蕉）*Dracaena deremensis* 'Roehrs Gold'，叶带状，较软，边缘黄色，叶间有白色纵纹❹。

产地分布 园艺品种。我国华南地区有栽培。

习性繁殖 喜半阴；喜高温、多湿环境。扦插或压条繁殖。

园林用途 叶片色深、密集紧凑，树体小巧、美观。宜作花坛、地被或庭院观赏。

棒叶虎尾兰　圆叶虎尾兰、柱叶虎尾兰

Sansevieria cylindrica Bojer ex Hook.

龙舌兰科虎尾兰属

花期冬末至翌年春季

识别特征　多年生草本，高达90厘米❶❷。具匍匐的根状茎，肉质叶呈细圆棒状，顶端尖细，质硬，直立生长，有时稍弯曲，表面暗绿色，有横向的灰绿色虎纹斑❸。总状花序，小花白色或淡粉色❹。

产地分布　原产非洲西部。现世界热带地区均有栽培，我国南方有栽培。

习性繁殖　喜半阴及明亮的环境，喜高温、多湿环境，不耐寒，耐旱，耐湿。分株或扦插繁殖。

园林用途　株型奇特，姿态刚毅，叶形似羊角；叶面有灰白和深绿相间的虎尾状横带斑纹，十分有趣。宜作庭院观赏或花坛。

虎尾兰

Sansevieria trifasciata Prain

龙舌兰科虎尾兰属

花期11~12月

识别特征　多年生草本，高达1米❶。叶基生，直立，硬革质，有白绿色相间的横带斑纹，边缘绿色。总状花序，淡绿色或白色。浆果。变种有短叶虎尾兰var. *hahnii*，植株较矮小，叶顶端急尖❷；金边虎尾兰var. *laurentii*，叶缘有金黄色镶边❸；栽培种有美叶虎尾兰'Laurentii Compacta'，植株矮小，叶边缘金黄色❹。

产地分布　原产非洲西部。现世界热带地区均有栽培，我国各地有栽培。

习性繁殖　喜光又耐阴；喜温暖、湿润环境，耐干旱；对土壤要求不严，以排水性较好的砂质壤土较好。分株或扦插繁殖。

园林用途　叶片坚挺直立，形如利剑；斑纹清晰美观，似如虎尾。宜作庭院观赏或花坛。

假槟榔 亚力山大椰子

Archontophoenix alexandrae H. Wendl. et Drude

棕榈科假槟榔属

花期4月，果期4～7月

识别特征 常绿乔木，高达25米❶。茎圆柱状，基部略膨大。叶羽状全裂，生于茎顶，羽片呈2列排列，线状披针形，先端渐尖，全缘或有缺刻❷。花序生于叶鞘下，呈圆锥花序式，下垂；花雌雄同株，白色❸。果实卵球形，红色❹；种子卵球形。

产地分布 原产澳大利亚东部。我国海南、福建、台湾、广东、广西、云南等地多有栽培。

习性繁殖 喜光，喜高温、多湿环境，不耐寒。播种繁殖。

园林用途 植株高大，树干通直；叶片披垂碧绿，随风招展，气度非凡。宜作行道树、园景树或庭院观赏。

槟榔

Areca catechu L.

棕榈科槟榔属

花果期3～4月

识别特征 常绿乔木，高达10米❶。有明显环状叶痕❷。叶簇生于茎顶，羽片多数，两面无毛，上部的羽片合生，顶端有不规则齿裂。雌雄同株，花白色，芳香；花序多分枝，分枝曲折，而雌花单生于分枝的基部；雄花小，无梗，通常单生❸。果实长圆形或卵球形，橙黄色，中果皮厚，纤维质❹；种子卵形生。

产地分布 原产马来西亚。我国海南、云南、广西、福建、台湾等地有栽培。

习性繁殖 喜光，喜高温、雨量充沛湿润环境，不耐寒。播种繁殖。

园林用途 树姿挺拔，树干纤细。宜作行道树或园景树。

棕榈科

三药槟榔

Areca triandra Roxb.

棕榈科槟榔属

花期4～5月，果期8～9月

识别特征 常绿丛生灌木，高达4米❶。具明显环状叶痕。叶羽状全裂，下部和中部的羽片披针形，镰刀状渐尖，上部及顶端羽片较短而稍钝，具齿裂❷。佛焰苞1个，革质，压扁，光滑，开花后脱落。花序和花与槟榔相似，但雄花更小❸。果实比槟榔小，卵状纺锤形，果熟时由黄色变为深红色❹；种子椭圆形至倒卵球形。

产地分布 原产印度及东南亚热带地区。我国海南、台湾、广东、云南等地有栽培。

习性繁殖 喜温暖、湿润和半荫蔽环境，不耐寒。播种或分株繁殖。

园林用途 形似翠竹，姿态优雅，树形美丽。宜作园景树或庭院观赏。

桄榔 莎木、南椰

Arenga westerhoutii Griffith

棕榈科桄榔属

花期6月，果期在开花后2～3年时间成熟

识别特征 常绿乔木，高达10米❶❷。叶簇生于茎顶，羽状全裂，羽片呈2列排列，基部两侧常有不均等的耳垂，上面绿色，背面苍白色；叶鞘具黑色强壮的网状纤维和针刺状纤维。花序腋生，从上部往下部抽生几个花序，当最下部的花序的果实成熟时，植株即死亡。果实近球形，灰褐色❸❹；种子黑色。

产地分布 产于海南、广西及云南西部至东南部，中南半岛及东南亚一带亦产。

习性繁殖 喜光，耐荫蔽；喜高温、多湿环境，不耐寒。播种繁殖。

园林用途 株型高大壮观，叶片巨大，花果均美。宜作行道树或园景树。

霸王棕 俾斯麦榈

Bismarckia nobilis Hildebr. & H. Wendl.

棕榈科霸王棕属

果期夏秋季

识别特征　常绿乔木，高达20米❶❷❸。掌状叶浅裂1/4～1/3，叶数可达30片，蜡质，蓝灰色；叶柄长，有刺状齿❹。花序二回分枝；雌雄异株，腋生；雄花序具红褐色小花轴，长达21厘米；雌花序较长而粗。果卵球形，深褐色。

产地分布　原产马达加斯加。我国华南广为引种栽培。

习性繁殖　喜阳光充足、温暖与排水良好环境，耐旱也耐寒。播种繁殖。

园林用途　株型美观，掌叶巨大坚挺，叶色独特。宜作行道树、园景树或庭院观赏。

1

2

3

4

糖棕 扇椰子

Borassus flabellifer L.

棕榈科糖棕属

果期9～10月

识别特征 常绿乔木，高达20米❶❷。叶大型，掌状分裂，近圆形，裂至中部，线状披针形，渐尖，先端2裂；叶柄粗壮，边缘具齿状刺。雄花序长，小穗轴略圆柱状；雄花小，多数，黄色；雌花序稍短，粗壮，雌花较大❸。果实大，近球形，压扁，黑褐色❹；种子通常3颗。

产地分布 原产亚洲热带地区和非洲。我国长江以南各地多有栽培。

习性繁殖 喜温暖、湿润和阳光充足环境，不耐寒。播种繁殖。

园林用途 树体高大壮观，叶片巨大，遮阴效果显著。宜作行道树、园景树或庭荫树。

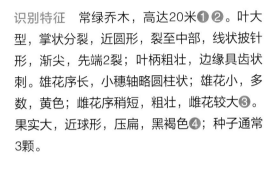

棕榈科

短穗鱼尾葵 丛生鱼尾葵

Caryota mitis Lour.

棕榈科鱼尾葵属

花期4～6月，果期8～11月

识别特征 常绿小乔木状，高达8米❶。茎丛生；叶长3～4米，下部羽片小于上部羽片；羽片呈楔形或斜楔形，外缘笔直❷。佛焰苞与花序被糠秕状鳞秕，花序短，具密集穗状的分枝花序。果球形，成熟时紫红色❸。同属种有鱼尾葵*C. maxima*，乔木状，茎单生，花序长达3米，果熟时红色❹。

产地分布 产于海南、广东、广西等地，越南、缅甸、印度、马来西亚、菲律宾、印度尼西亚等地亦有分布。

习性繁殖 喜阳，较耐阴；喜温暖、湿润环境。播种或分株繁殖。

园林用途 树形丰满且富层次感，叶形奇特，叶色浓绿，果实成串。宜作园景树或庭院观赏。

董棕

Caryota obtusa Griffith

棕榈科鱼尾葵属

花果期6～10月

识别特征 常绿乔木，高达25米❶❷。茎黑褐色，膨大或不膨大成花瓶状，表面不被白色的毡状绒毛，具明显的环状叶痕。叶弓状下弯，羽片宽楔形或狭的斜楔形，革质，边缘具规则的齿缺，外缘笔直❸。穗状分枝花序，下垂；花序梗圆柱形，粗壮❹。果实球形至扁球形，成熟时红色；种子近球形或半球形。

产地分布 产于云南，印度、老挝、缅甸、泰国、越南等国也有分布。海南有栽培。

习性繁殖 喜高温、湿润和阳光充足环境，较耐寒。播种繁殖。

园林用途 树形美观，茎干雄伟似花瓶，叶片巨大整齐。宜作行道树或园景树。

琼棕 陈棕

Chuniophoenix hainanensis Burret

棕榈科琼棕属

花期4月，果期9～10月

识别特征 常绿丛生灌木，高达3米❶。叶掌状深裂，裂片14～16片，线形，先端渐尖，不分裂或2浅裂，中脉上面凹陷，背面凸起❷。花序腋生，多分枝，呈圆锥花序式；花两性，紫红色，花萼筒状；花瓣2～3片，紫红色，卵状长圆形。果实近球形❸❹；种子为不整齐的球形，灰白色。

产地分布 特产于海南陵水、琼中等地，我国华南地区有栽培。

习性繁殖 喜光，稍耐阴；喜高温、多湿环境，耐微霜冻。播种或分株繁殖。

园林用途 株型优美，叶色浓绿，挂果期长。宜作园景树或庭院观赏。

椰子 椰树

Cocos nucifera L.

棕榈科椰子属

花果期秋季

棕榈科

识别特征 常绿乔木，高达30米❶❷。树干具环状叶痕。叶羽状全裂，裂片多数，革质，线状披针形；叶柄粗壮。花序腋生，多分枝；佛焰苞纺锤形，厚木质❸。果卵球状或近球形，顶端微具三棱❹；外果皮薄，中果皮厚纤维质，内果皮木质坚硬，基部有3孔，果腔含有胚乳（即"果肉"或种仁），胚和汁液（椰子水）。

产地分布 原产亚洲热带，我国海南、广东、台湾及云南等地均有分布。

习性繁殖 喜阳；喜高温、湿润环境，抗风，耐盐碱。播种繁殖。

园林用途 树形优美婆娑，极富热带特征，果实奇特可食。宜作行道树或园景树。

小贴士：

与黄花梨（降香黄檀）同为海南省省树。

红槟榔 红杆槟榔、大猩红椰子、红柄椰

Cyrtostachys renda Blume

棕榈科猩红椰属

花期4～5月，果期秋季

识别特征 常绿丛生灌木，高达12米❶。羽状叶线性或箭形，顶端钝或2裂，幼叶橄榄色，成长叶表面浓绿，背面灰绿；叶柄、叶鞘和叶轴暗红色或红褐色❷❸。肉穗花序❹。果卵球形，熟时黑色。

产地分布 原产马来西亚、新几内亚及太平洋的一些岛屿。我国海南有栽培。

习性繁殖 喜高温、高湿环境，不耐寒；喜肥沃、疏松的土壤。播种或分株繁殖。

园林用途 树姿优美，叶柄和叶鞘猩红色，极为特殊、美观。宜作庭院观赏。

三角椰子 三角椰、三角棕

Dypsis decaryi (Jum.) Beentje & J.Dransf.

棕榈科马岛棕属

花期3~5月，果期7~10月

识别特征 常绿乔木，高达10米❶❷。茎单生，叶长3~5米，上举，灰绿色，羽状全裂，坚韧，在叶中轴上规整斜展，下部羽片下垂；叶柄基部稍扩展，叶鞘在茎上端呈3列重叠排列，近呈三棱柱状，基部有褐色软毛❸。肉穗花序。果卵圆形，熟时黄绿色❹。

产地分布 原产马达加斯加。我国华南地区有引种栽培。

习性繁殖 喜高温、光照充足环境，也较耐阴，耐寒，耐旱。播种繁殖。

园林用途 茎上端由叶鞘组成近三棱柱状，形态奇特，观赏效果佳。宜作园景树或庭院观赏。

红领椰子 狭唇狄棕、薄皮椰

Dypsis leptocheilos (Hodel) Beentje et J. Dransf.

棕榈科马岛棕属

花期夏季

识别特征 常绿乔木，高达10米❶。茎单生，冠茎鲜红色。叶羽状全裂，羽片80～95对，排列成一平面，稍下垂，线形，绿色。在叶中轴上排列成规整；叶鞘上遍布红色鳞秕❷。花序腋生，有2～3分枝❸。果卵圆形或球形，熟时黄褐色❹。

产地分布 原产马达加斯加。我国华南地区有栽培。

习性繁殖 喜高温、光照充足环境，也较耐阴，耐寒，耐旱。播种繁殖。

园林用途 株型美观，冠茎色彩艳丽，具有极高的观赏价值。宜作园景树或庭院观赏。

散尾葵 黄椰子

Dypsis lutescens (H. Wendl.) Beentje et J. Dransf.

棕榈科马岛棕属

花期5月，果期8月

识别特征 常绿丛生灌木，高达5米❶。茎干光滑，黄绿色，叶痕明显，似竹节❷。叶羽状全裂，平展而稍下弯，黄绿色，表面有蜡质白粉，披针形，先端长尾状渐尖。花序生于叶鞘之下，呈圆锥花序式；花小，卵球形，金黄色，螺旋状着生于小穗轴上❸。果实略为陀螺形或倒卵形，鲜时土黄色，干时紫黑色❹；种子略为倒卵形。

产地分布 原产马达加斯加。我国南方地区常见栽培。

习性繁殖 喜温暖、湿润、半阴且通风良好环境，不耐寒。播种或分株繁殖。

园林用途 枝叶茂密，四季常绿，株型优美。宜作庭院观赏。

油棕 油椰子

Elaeis gunieensis Jacq.

棕榈科油棕属

花期6月，果期9月

识别特征 常绿乔木，高达10米❶❷❸。叶多，羽状全裂，簇生于茎顶，羽片外向折叠，线状披针形，下部的退化成针刺状；叶柄宽。花雌雄同株异序，雄花序由多个指状的穗状花序组成，上面着生密集的花朵；雌花序近头状，密集。果实卵球形或倒卵球形，熟时橙红色❹；种子近球形或卵球形。

产地分布 原产非洲热带地区。我国南部各地常见栽培。

习性繁殖 喜高温、湿润、强光照环境和肥沃的土壤，不耐寒，不耐旱。播种繁殖。

园林用途 树形高大雄壮，叶片整齐碧绿。宜作行道树、园景树或庭荫树。

小贴士：

重要的热带油料作物，有"世界油王"之称。

①

②

③

④

酒瓶椰子 酒瓶椰、酒瓶棕

Hyophorbe lagenicaulis (L. H. Bailey) H. E. Moore

棕榈科酒瓶椰属

花期2～3月，果期10月

识别特征 常绿乔木，高达4米❶。茎干圆柱形，光滑，具环纹，酒瓶状，中部以下膨大，近茎冠处又收缩如瓶颈。叶簇生于茎顶，裂片线性，浅绿色，整齐排列于粗大叶轴两侧。花雌雄同株，肉穗花序，多分枝；花小，黄绿色❷。果实椭圆形，带紫色❸。同属种有棍棒椰子*H. verschaffeltii*，植株较高，基部及上部均较细，唯中部粗大状如棍棒❹。

产地分布 原产马达加斯加。我国华南地区有引种栽培。

习性繁殖 喜高温、湿润和阳光充足环境，怕寒冷。播种繁殖。

园林用途 株型奇特，树干形似酒瓶，非常美观。宜作园景树或庭院观赏。

棕榈科

红棕榈 红脉葵、红脉榈、红拉坦棕

Latania lontaroides (Gaertn.) H.E. Moore

棕榈科彩叶棕属

果期11月

识别特征 常绿乔木，高达15米❶。叶掌状分裂，裂片披针形，先端渐尖，叶脉及叶缘呈红色，幼叶叶缘及叶柄有刺；叶柄三棱形，粗壮，基部半抱茎。花雌雄异株，肉穗花序腋生，花淡黄色，有明显的花苞。核果肾状球形，外果皮革质，熟时红褐色。相近种有黄棕榈（黄脉葵）*L. verschaffeltii*，叶轴、叶脉鲜黄色❷；蓝棕榈（蓝脉葵）*L. loddigesii*，叶轴具白粉，叶浅蓝灰色❸；肉穗花序腋生❹。

产地分布 原产非洲马斯卡林群岛。我国华南地区有引种栽培。

习性繁殖 喜温暖、湿润和光照充足环境。播种繁殖。

园林用途 树形优美，色彩艳丽。宜作园景树或庭院观赏。

圆叶轴榈 圆叶刺轴榈、扇叶轴榈

Licuala grandis H. Wendl.

棕榈科轴榈属

花期夏季，果期10月至翌年3月

识别特征 常绿丛生灌木，高达4米❶。掌状叶不分裂，近圆形，边缘具齿，基部截状或截断状，顶部边缘具多数钝二尖的短裂片，亮绿色；叶柄具刺❷。花雌雄同株，腋生，花序直立，有分枝，花序长于叶片❸。果球形，棕褐色。同属种有穗花轴榈*L. fordiana*，叶掌状全裂，裂片楔形，16～18片，先端整齐截平❹。

产地分布 原产南太平洋群岛。我国海南等地常见栽培。

习性繁殖 喜温暖、温润、荫蔽环境，不耐寒。播种繁殖。

园林用途 叶片形态奇特优美，非常雅致，观赏价值高。宜作庭院观赏或绿篱。

蒲葵

Livistona chinensis (Jacq.) R. Br.

棕榈科蒲葵属

花期3～4月，果期10～12月

识别特征　常绿乔木，高达20米❶。基部常膨大。叶阔肾状扇形，掌状深裂至中部，裂片线状披针形，顶部长渐尖，两面绿色；叶柄长。花序呈圆锥状，粗壮，总梗上有6~7个佛焰苞；花小，两性，黄色❷。果实椭圆形（如橄榄状），黑褐色❸；种子椭圆形。同科种有皇后葵（金山葵）*Syagrus romanzoffiana*，叶羽状全裂，裂片多数、细小、垂落；果实干后褐色❹。

产地分布　产于海南、广东、台湾等地，日本也有分布。

习性繁殖　喜光，也较耐阴；喜温暖、湿润环境，不耐旱。播种繁殖。

园林用途　四季常青，树冠伞形，叶大如扇，树形婆娑。宜作行道树或园景树。

水椰

Nypa fruticans Wurmb.

棕榈科水椰属

花期7月

识别特征 常绿丛生灌木，高达7米❶。叶羽状全裂，坚硬而粗，长4～7米，羽片多数，整齐排列，线状披针形，外向折叠，先端急尖，全缘❷。花序长1米或更长；雄花序柔荑状，着生于雌花序的侧边；雌花序头状（球状），顶生❸。果序球形，核果状，褐色，发亮，略压扁而具六棱❹；种子近球形或阔卵球形。

产地分布 产于海南三亚、陵水、万宁、文昌等地。亚洲东部、东南部、澳大利亚热带地区及所罗门群岛也有分布。

习性繁殖 耐盐碱，不耐寒，抗风。隐胎生果实繁殖。

园林用途 株型美观，叶片巨大，花果奇特。宜作滨海绿化。

小贴士：

典型的真红树植物，也是孑遗植物。

加拿利海枣 长叶刺葵、加拿利刺葵

Phoenix canariensis Hort. ex Chab.

棕榈科刺葵属

花期5～6月，果期8～9月

识别特征 常绿乔木，高达15米❶❷❸。具波状叶痕，羽状复叶，顶生丛出，较密集；叶片全裂，小叶狭条形，近基部小叶成针刺状，基部由黄褐色网状纤维包裹。雌雄异株，穗状花序腋生，花小，黄褐色。浆果，卵状球形至长椭圆形，熟时黄色至淡红色❹。

产地分布 原产非洲加拿利群岛。我国华南地区有栽培。

习性繁殖 喜光又耐阴；喜温暖、湿润环境，耐寒，耐旱；以土质肥沃、排水良好的壤土最佳。播种繁殖。

园林用途 植株高大雄伟，单干粗壮，形态优美，羽叶密而伸展，极富热带风情。宜作行道树或园景树。

小贴士：
加拿利海枣是国际著名的景观树。

美丽针葵 软叶刺葵、江边刺葵

Phoenix roebelenii O'Brien

棕榈科刺葵属

花期4～5月，果期6～9月

识别特征 常绿灌木，高达3米❶。叶羽片线形，较柔软，背面沿叶脉被灰白色的糠秕状鳞秕，呈2列排列；下部羽片变成细长软刺。雌雄异株，花腋生，下垂，淡黄色，有香味。果实长圆形，成熟时枣红色，果肉薄而有枣味❷。同属种有刺葵*P. loureiroi*，羽片呈4列排列，背面叶脉不具灰白色糠秕状鳞秕❸；果熟时紫黑色，非枣味❹。

产地分布 原产我国云南及东南亚地区。现我国华南地区广为栽培。

习性繁殖 喜光，稍耐阴；喜高温、多湿环境，耐旱。播种繁殖。

园林用途 姿态纤细优美，叶柔软弯垂、色泽亮绿。宜作园景树或庭院观赏。

银海枣 林刺葵、野海枣

Phoenix sylvestris Roxb.

棕榈科刺葵属

果期9～10月

识别特征 常绿乔木，高达16米❶❷❸。羽片剑形，顶端尾状渐尖，互生或对生，下部羽片较小，最后变为针刺。佛焰苞近革质，花小；雄花狭长圆形或卵形，白色，具香味；雌花近球形。果密集，橙黄色，果小，肉薄；果实长圆状椭圆形或卵球形❹；种子苍白褐色。同属种有海枣（伊拉克枣）*P. dactylifera*，果大，长达6.5厘米，肉厚。

产地分布 原产印度、缅甸。我国华南各地区常有栽培。

习性繁殖 喜光；喜高温、湿润环境，耐旱，也耐寒。播种繁殖。

园林用途 树干高大挺拔，树冠婆娑优美，叶色银灰。宜作行道树或园景树。

斐济榈　斐济金棕、太平洋棕

Pritchardia pacifica Seem. et H. Wendl.

棕榈科太平洋棕属

花期夏秋季，果期秋冬季

识别特征　常绿乔木，高达10米❶❷。单干型；叶簇生茎顶，掌状叶、扇形，浅裂至1/3，裂片坚挺；叶面皱褶，叶轴密被白粉。肉穗花序，自叶间生出；花单性，黄褐色，雌雄同株。核果近球形，褐色。同属种有夏威夷椰子（夏威夷金棕）*P. gaudichaudii*，灌木型，植株丛生、较矮，茎干似竹、中空，叶羽状全裂❸❹。

产地分布　原产斐济群岛。我国华南地区有栽培。

习性繁殖　喜光；喜高温、多湿环境。播种繁殖。

园林用途　高大挺拔，体态均匀，树冠优美，叶形漂亮。宜作园景树或庭院观赏。

棕榈科

青棕 麦氏皱籽椰、麦氏葵

Ptychosperma macarthurii (H. Wendl.) Nichols

棕榈科射叶椰子属

果期秋季

识别特征 常绿大灌木，高达10米❶❷。茎干丛生，具竹节环痕。羽状复叶，全裂，小叶阔线形，先端宽钝截状有缺刻，排列整齐❸。穗状花序腋生，雌雄同株。果实椭圆形，熟时鲜红色❹。

产地分布 原产巴布亚新几内亚等地。我国华南地区有栽培。

习性繁殖 耐半阴；喜温暖、湿润环境，较耐寒。播种繁殖。

园林用途 植株修长如翠竹，叶色亮绿，果实鲜红，富观赏性。宜作庭院观赏。

国王椰子 密节竹、河岸雷文葵

Ravenea rivularis Jum. et H. Perrier

棕榈科国王椰属

果期秋季

识别特征 常绿乔木，高达10米❶❷。茎单干；树干基部有膨大，具环痕❸。叶羽状全裂，条形，叶色亮绿。花单性，雌雄异株；穗状花序具分枝，生于叶间；花白色。果圆球形，熟时红色❹。

产地分布 原产马达加斯加。我国华南地区常见栽培。

习性繁殖 喜光照充足，耐半阴；喜温暖、湿润环境，较不耐寒。播种繁殖。

园林用途 羽片密而伸展，飘逸而轻盈；树干粗壮，高达雄伟。宜作行道树、园景树或庭院观赏。

棕榈科

棕竹

Rhapis excelsa (Thunb.) Henry ex Rehd.

棕榈科棕竹属

B

花期6～7月，果期10～12月

识别特征 常绿丛生灌木，高达3米❶。叶鞘具淡黑色的网状纤维。叶掌状深裂，裂片4～10片，不均等，宽线形或线状椭圆形，先端宽❷。肉穗花序腋生，雌雄异株，花小，极多，淡黄色。浆果球状倒卵形；种子球形。同属种有矮棕竹*R. humilis*，植株较矮，1米左右，叶鞘具淡褐色网状纤维❸；多裂棕竹*R. multifida*，叶掌状深裂，裂片多，线状披针形❹。

产地分布 产于我国南部至西南部，日本亦有分布。现华南地区常见栽培。

习性繁殖 喜温暖湿润及排水良好的半阴环境，畏烈日。播种或分株繁殖。

园林用途 枝叶繁茂，姿态潇洒；叶形秀丽，四季青翠，似竹非竹。宜作庭院观赏、绿篱或花坛。

大王棕 大王椰子、王棕、王椰

Roystonea regia (Kunth.) O. F. Cook

棕榈科王棕属

花期3～4月，果期10月

识别特征 常绿乔木，高达20米❶❷。茎幼时基部膨大，老时近中部不规则地膨大，向上部渐狭。叶羽状全裂，弓形并常下垂，羽片呈4列排列，线状披针形，渐尖，顶端浅2裂。肉穗花序；花小，雌雄同株❸。果实近球形至倒卵形，暗红色至淡紫色；种子歪卵形。相近种有菜王棕*R. oleracea*，树干近基部膨大，而后几乎为直圆柱形；叶的羽片成2列排列❹。

产地分布 原产古巴。我国南部热带地区常见栽培。

习性繁殖 喜光；喜温暖、湿润环境，不耐寒。播种繁殖。

园林用途 热带及南亚热带地区最常见的棕榈类植物，寿命可长达数十年。树姿高大雄伟，树干通直，观赏价值极高。宜作行道树或园景树。

菜棕 箬棕、巴尔麦棕榈

Sabal palmetto (Walt.) Lodd. ex Roem. et Schult.

棕榈科菜棕属

花期6月，果期秋季

识别特征 常绿乔木，高达18米❶。茎常常被覆交叉状的叶基。叶为明显的具肋掌状叶，具多数裂片，裂片先端深二裂；叶柄长于叶片，粗壮。花序形成大的复合圆锥花序，与叶片等长或长于叶，下垂❷。果实近球形或梨形，黑色；种子近球形。相近种有灰绿箬棕（印度箬棕）*S. mauritiiformis*，裂口处有丝状纤维，叶背面苍白色❸❹。

产地分布 原产温带美洲和西印度群岛。我国华南地区有栽培。

习性繁殖 喜阳光直射；较耐寒，耐旱，耐盐碱。播种繁殖。

园林用途 树形雄伟壮观，形态优美，且非常耐寒及抗风。宜作行道树、园景树或庭院观赏。

圣诞椰 圣诞棕、马尼拉椰子

Veitchia merrillii (Becc.) H. E. Moore

棕榈科圣诞椰属

花期春夏季，果期秋冬季

识别特征 常绿乔木，高达9米❶。基部膨大；茎干单生，环节明显。叶羽状全裂，裂片披针形，排列紧密，向上伸展但先端下垂，亮绿色。花雌雄同株；肉穗花序，多分枝，花序生于冠茎下，暗白色❷。果卵状，熟时呈光滑的红色❸。同科种有布迪椰子（弓葵）*Butia capitata*，叶弓形，羽状全裂，叶面灰绿色，背面粉白色❹。

产地分布 原产菲律宾。我国华南地区有栽培。

习性繁殖 喜高温、多湿和光照充足环境，不耐寒。播种繁殖。

园林用途 株型优美，叶色亮绿。宜作园景树或庭院观赏。

丝葵 老人葵、华盛顿葵、壮裙棕

Washingtonia filifera (Lind. ex Andre) H. Wendl.

棕榈科丝葵属

花期7月，果期10月

识别特征 常绿乔木，高达20米❶❷。树干圆柱状，顶端稍细，被覆许多下垂的枯叶。叶大型，在裂片之间及边缘具灰白色的丝状纤维，裂片灰绿色❸❹。肉穗花序，两性；花序大型，白色，弓状下垂。果实卵球形，亮黑色；种子卵形。

产地分布 原产美国加利福尼亚州及墨西哥西北部。我国华南地区常见栽培。

习性繁殖 喜温暖、湿润和阳光充足环境，较耐寒。播种繁殖。

园林用途 树形雄壮，生长迅速；叶大如扇，四季常青。宜作行道树、园景树或庭院观赏。

小贴士：

叶裂片间具有白色纤维丝，似老翁的白发，故名"老人葵"。

狐尾椰子 二枝棕、狐尾棕

Wodyetia bifurcata A.K.Irvine

棕榈科狐尾椰属

花期5～7月，果期8～9月

识别特征 常绿乔木，高达15米❶❷。茎干单生，茎部光滑，有叶痕，略似酒瓶状。叶色亮绿，簇生茎顶，羽状全裂；小叶披针形，轮生于叶轴上。花雌雄同株，穗状花序，黄绿色；分枝较多，花序生于冠茎下❸。果卵形，熟时橘红色至橙红色❹。

产地分布 原产澳大利亚。我国华南地区常见栽培。

习性繁殖 喜温暖、湿润和光照充足环境，耐寒，耐旱，抗风。播种繁殖。

园林用途 植株高大挺拔，形态优美，花果俱美，观赏价值高。宜作行道树、园景树或庭院观赏。

小贴士：

因小叶片轮生于叶轴上，形似狐尾状而得名。

红刺露兜 红刺林投、扇叶露兜树、时来运转

Pandanus utilis Borg

露兜树科露兜树属

花果期9～10月

识别特征 常绿乔木，高达20米❶。根上部裸露，支柱根放射状自茎基斜插于土中。叶带型，革质，紧密螺旋状着生，叶缘及主脉下面有红色的锐刺❷。花单性异株，芳香，雄花排成穗状花序，无花被；雌花排成紧密的椭圆状穗状花序❸。聚花果椭圆形，由若干个小核果组成❹。

产地分布 原产马达加斯加。世界热带地区多有栽培，我国华南地区有栽培。

习性繁殖 喜光，稍耐阴；喜高温、多湿环境，不耐寒，不耐干旱；喜肥沃湿润的土壤。播种或分株繁殖。

园林用途 叶多而密，螺旋状排列，层叠有序，果实硕大。宜作园景树、庭院观赏或花坛。

露兜树 林投、露兜簕

Pandanus tectorius Sol.

露兜树科露兜树属

花期1~5月，果期9~10月

识别特征 常绿灌木或小乔木，高达4米❶。叶簇生于枝顶，三行紧密螺旋状排列，条形，有锐刺。雄花序由若干穗状花序组成；佛焰苞长披针形，近白色，雄花芳香；雌花单生于枝顶，乳白色。聚花果大，下垂，圆球形或长圆形，幼果绿色，成熟时橘红色❷。同属种有香露兜*P. amaryllifolius*，常绿草本；叶片有芳香味，长剑形，长约30厘米，宽约1.5厘米，叶缘有刺❸❹。

产地分布 产于海南、福建、台湾、广东、广西、贵州和云南等地，也分布于亚洲热带、澳大利亚南部。

习性繁殖 喜光；喜高温、多湿环境，不耐寒。播种和分株繁殖。

园林用途 叶多而密，造型奇特，果大且色艳。宜作庭院观赏或绿篱。

兰科

火焰兰

Renanthera coccinea Lour.

兰科火焰兰属

花期4～6月

识别特征 多年生附生草本❶。茎攀援，粗壮，质地坚硬，圆柱形，通常不分枝，节间长3～4厘米。叶二列，舌形或长圆形❷。花序与叶对生，常3～4个，粗壮而坚硬，圆锥花序或总状花序疏生多数花；花火红色，开展；花瓣相似于中萼片而较小，先端近圆形，边缘内侧具橘黄色斑点；唇瓣3裂❸❹。

产地分布 产于海南、云南、广西，缅甸、泰国、老挝、越南也有分布。

习性繁殖 喜光；喜高温、湿润环境。扦插或分株繁殖。

园林用途 花多而密，色彩鲜艳，极具观赏价值。宜作庭院观赏。

风车草 旱伞草

Cyperus involucratus Rottb.

莎草科莎草属

花果期8～11月

识别特征 多年生草本，高达1.5米❶❷。根状茎粗短，近木质；茎粗壮，丛生，近圆柱状或扁三棱形，具棱和纵条纹，平滑或上部稍粗糙。叶退化，仅于茎基部具数个无叶片的叶鞘；总苞片叶状，螺旋状排列，近等长，顶端急尖，向四面开展如伞状❸。聚伞花序，花小，淡蓝色❹。小坚果椭圆形，近于三棱形，褐色。

产地分布 原产非洲。我国南北各地均见栽培。

习性繁殖 耐半阴；喜温暖、湿润、通风良好和光照充足环境，耐水湿。播种、扦插或分株繁殖。

园林用途 株丛繁茂，茎叶优雅，顶部叶片扩散如伞形。宜作庭院观赏或花镜。

纸莎草

Cyperus papyrus L.

莎草科莎草属

花期6～7月

识别特征 多年生草本，高达1米❶。茎秆直立丛生，三棱形，不分枝❷。叶退化成鞘状，棕色，包裹茎秆基部。总苞叶状，顶生，带状披针形。每秆具一大型伞形花序，小穗黄色，密集❸❹。瘦果灰褐色，椭圆形，无柄。

产地分布 产于埃及、乌干达、苏丹及西西里岛等地，广泛栽培于温带、热带地区。我国南方有栽培。

习性繁殖 喜水；喜温暖、潮湿环境，耐阴湿；在肥沃、碱性且富含有机质的土壤中生长良好。播种或分株繁殖。

园林用途 植株型态优美，顶生花序伞状苞叶纤细如丝，呈下垂状，非常雅致。宜作滨水庭院观赏。

粉单竹 粉箪竹

Bambusa chungii McClure

禾本科簕竹属

识别特征 多年生草本，乔木型，高达18米❶❷。竿直立，节间幼时被白色蜡粉，无毛；竿环平坦，箨环稍隆起❸。箨鞘早落，质薄而硬，箨片淡黄绿色；竿的分枝习性高，被蜡粉，叶鞘无毛。叶片质地较厚，披针形乃至线状披针形，上表面沿中脉基部渐粗糙❹。花枝极细长，无叶。成熟颖果呈卵形，深棕色，腹面有沟槽。

产地分布 特产于我国华南，分布于海南、湖南、福建、广东及广西等地。

习性繁殖 喜光；喜温暖、湿润环境，稍耐寒。分株繁殖。

园林用途 竹丛疏密适中，挺秀优姿，竹秆白粉，引人注目。宜作园景树或庭院观赏。

孝顺竹

Bambusa multiplex Raeuschel ex Schultes & J. H. Schultes

禾本科簕竹属

识别特征 多年生草本，灌木型，高达7米❶。节间幼时薄被白蜡粉，节处稍隆起，无毛。竿箨幼时薄被白蜡粉，箨片直立，背面散生暗棕色脱落性小刺毛。叶鞘无毛，叶舌圆拱形，叶片线形❷。假小穗单生或以数枝簇生于花枝各节，线形至线状披针形。栽培种有小琴丝竹（花孝顺竹）'Alphonse-Karr'，竿和分枝的节间黄色，具不同宽度的绿色纵条纹❸；变种有观音竹var. *riviereorum*，竿实心，叶片较原变种小❹。

产地分布 原产越南，分布于我国东南部至西南部，野生或栽培。

习性繁殖 喜光，耐半阴；喜温凉至温暖、湿润环境，耐寒。分株繁殖。

园林用途 竹秆丛生，四季青翠，姿态秀美。宜作庭院观赏或绿篱。

大佛肚竹

Bambusa vulgaris 'Wamin' McClure

禾本科簕竹属

识别特征 多年生草本，高达5米❶。秆和枝条绿色❷，节间极为短缩，膨大呈佛肚状❸。秆箨无毛，箨鞘先端较宽，箨耳发达，圆至镰刀形，边缘具齿牙，箨片披针形，直立或上部箨片略向外反转，脱落性。原变种佛肚竹（小佛肚竹）*B. vulgaris*，竹秆较细，下部各节间较长，节间膨大不明显❹。

产地分布 产于我国广东。现华南各地及世界各地均有引种栽培。

习性繁殖 喜光；喜温暖、湿润环境，不耐寒，不耐旱；喜肥沃、疏松的砂质壤土。扦插或分株繁殖。

园林用途 节间短缩膨大，状如佛肚，姿态秀丽，如伞盖。宜作庭院观赏。

小贴士：

竹型较大，有节，节短，节间膨大显著状如佛肚，故名之。

黄金间碧竹 黄金间碧玉竹、青丝金竹

Bambusa vulgaris f. *vittata* (A. & C. Riv.) T. P. Yi

禾本科簕竹属

识别特征 多年生草本，高达15米❶。秆和枝条金黄色，具宽窄不等的绿色纵条纹❷。箨鞘在新鲜时为绿色而具宽窄不等的黄色纵条纹，早落，革质，长约节间之半；箨鞘短宽，背面密被黑色向上刺毛；箨舌短，先端齿尖；箨叶直立，三角形。分枝低而开展，主枝明显。叶片披针形，叶色浓绿❸❹。

产地分布 我国海南、广西、云南、广东和台湾等地均有栽培。

习性繁殖 喜高温、多湿环境；喜肥沃、疏松的砂质壤土。分株或扦插繁殖。

园林用途 竹秆色彩美丽，金碧辉煌，观赏性高。宜作园景树或庭院观赏。

地毯草 大叶油草

Axonopus compressus (Sw.) Beauv.

禾本科地毯草属

花期秋冬季，果期冬季至翌年春季

识别特征 多年生草本，高达30厘米❶❷。具长匍匐枝，秆压扁，节密生灰白色柔毛。叶鞘松弛，基部者互相跨复；叶片扁平，质地柔薄，两面无毛或上面被柔毛，近基部边缘疏生纤毛❸。总状花序，最长两枚成对而生，呈指状排列在主轴上；小穗长圆状披针形，疏生柔毛，单生；花柱基分离，柱头羽状，白色❹。

产地分布 原产热带美洲。世界各热带、亚热带地区有引种栽培，我国南部地区广为栽培。

习性繁殖 喜光，也较耐阴；喜温暖、湿润环境，再生力强，忌冻害。播种或分株繁殖。

园林用途 叶宽大油绿，匍匐茎蔓延迅速，耐践踏。宜作地被植物。

禾本科

细叶结缕草 天鹅绒草、台湾草

Zoysia pacifica (Goudswaard) M. Hotta & S. Kuroki

禾本科结缕草属

花果期8～12月

识别特征 多年生草本，高达10厘米❶。具匍匐茎，秆纤细。叶鞘无毛，紧密裹茎；叶舌膜质，顶端碎裂为纤毛状，鞘口具丝状长毛；小穗窄狭，黄绿色，或有时略带紫色，披针形；第一颖退化，第二颖革质，顶端及边缘膜质，具不明显的5脉❷。颖果与稃体分离。同属种有沟叶结缕草（马尼拉草）*Z. matrella*，植株高12～20厘米，具根状茎；叶片质硬，内卷，上面具沟，宽1～2毫米❸❹。

产地分布 产于我国南部地区，分布于热带亚洲。现欧美各国已普遍引种。

习性繁殖 喜光，不耐阴；喜温暖、湿润环境，耐旱；喜疏松的砂质壤土。播种或分株繁殖。

园林用途 色泽嫩绿，低矮平整；茎叶纤细美观，耐践踏。宜作地被植物。

附录A　植物学小知识

1 自然分类系统

自然分类法又称系统发育分类（Phylogenetic classification），是按照植物间在形态、结构、生理上相似程度的大小，判断其亲缘关系的远近，再将它们分门别类，使成系统。其中最有代表性的系统有恩格勒（Engler）分类系统、哈钦松（Hutchinson）分类系统、塔赫他间（Taxtaujqh）分类系统和克朗奎斯特（Cronquist）分类系统。

植物分类通常用等级的方法表示每一种植物的系统地位与归属，即界（Regnum）、门（Divisio）、纲（Classis）、目（Ordo）、科（Familia）、属（Genus）、种（Species），种是植物分类的基本单位。有时根据实际需要划分更细的单位，如亚门、亚纲、亚目、亚科、族、亚族、亚属、组，种下又可分出亚种、变种、变型等。

（1）种（Species）：是分类学上的基本单位，是具有相同的形态学、生理学特征和一定自然分布区的生物群，种内个体间能自然交配产生正常能育的后代，种间存在生殖隔离。

（2）亚种（Subspecies）：种内类群，指同一种内由于地域、生态或季节上的隔离而形成的个体群，如斜叶榕。

（3）变种（Varietas）：种内的种型或个体变异，指具有相同分布区的同一种植物，由于微生境不同而导致植物间具有可稳定遗传的一些细微差异，如海南木莲。

（4）变型（Forma）：指分布没有规律，仅有微小的形态学差异的相同物种的不同个体，如重瓣木芙蓉。

（5）品种（Cultivar）：品种不是植物分类学中的分类单位，而是属于栽培学上的变异类型，实际上是栽培植物的变种或变型，如龙柏。

2 植物命名方法

每种植物都有它自己的名称，不同的地区、国家都有不同的叫法，容易出现同物异名、同名异物的现象。植物拉丁名即植物的学名（Scientific name），根据《国际植物命名法规》，任何一个拉丁名，只对应一种植物；任何一种植物，只有一个拉丁名。因此，植物学名采用瑞典分类学家林奈创立的"属名+种加词"的植物"双名法"，学名末尾附加定名人的名字。如椰子的学名是 *Cocos nucifera* L.，其中 *Cocos* 为属名，是椰子的意思；*nucifera*为种加词，是具坚果的意思；后边的"L."为定名人林奈（Linnaeus）的缩写。如果是亚种、变种或变型的命名，则是在种加词后加上它们的缩写subsp.、var.或f.，再加上亚种、变种或变型名，同样在后边附以定名人的名字缩写。以海南木莲为例，它在植物分类上的各级单位为：

界　植物界 Regnum vegetable

门　被子植物门 Angiospermae

纲　双子叶植物纲 Dicotyledoneae

亚纲　原始花被亚纲 Archichlamydeae

目　毛茛目 Ranales

科　木兰科 Magnoliaceae

族　木兰族 Magnolieae

亚族　木莲亚族 Manglietiinae

属　木莲属 *Manglietia*

种　木莲 *Manglietia fordiana* Oliv.

变种　海南木莲 *Manglietia fordiana* Oliv. var. *hainanensis* (Dandy) N. H. Xia

3 植物的基本类群

按照两界（植物界和动物界）生物系统，植物界主要包括藻类植物、菌类植物、地衣植物、苔藓植物、蕨类植物、裸子植物和被子植物。根据植物构造的完善程度可分为高等植物和低等植物两大类。

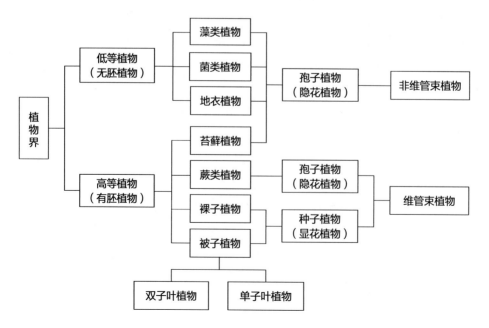

维管束植物是城市园林中最为常见的植物类群，其经验检索表为：

1. 通常为不定根，形成须根状；叶多从根状茎上长出，有簇生、近生或远生，幼时大多数呈拳曲状；孢子繁殖..蕨类植物
1. 有定根，种子繁殖（种子植物）..2
2. 种子裸露或具假种皮。多为乔木，少数为灌木或藤本；通常常绿，叶针形、线形、鳞形，极少为扁平阔叶..裸子植物
2. 种子具种皮和真正的花；叶片具网状脉、平行脉或弧形脉（被子植物）........3
3. 具2片子叶，直根系，叶片网状脉..双子叶植物
3. 具1片子叶，须根系，叶片平行脉..单子叶植物

4 物种濒危等级与保护

物种濒危等级（Endangered category）即人为制定的衡量物种或生态系统濒危程度或受威胁状况的等级系统。目前，国际和国内有许多濒危物种等级的划分标准，但总的来说，均是依据物种灭绝危险程度而划分。IUCN（国际自然及自然资源保护联盟）是目前世界上最大的自然保护团体，自20世纪60年代开始发布濒危物种红皮书（Red Data Book），逐步发展为IUCN濒危物种名录红色名录。1991年，Mace和Lande第一次提出了根据在一定时间内物种的灭绝概率来确定物种濒危等级的思想，并定义了8个等级：①灭绝：如果一个生物分类单元的最后一个个体已经死亡，列为灭绝。②野生灭绝：如果一个生物分类单元的个体仅生活在人工栽培和人工圈养状态下，列为野生灭绝。③极危：野外状态下一个生物分类单元灭绝概率很高时，列为极危。④濒危：一个生物分类单元，虽未达到极危，但在可预见的不久将来，其野生状态下灭绝的概率高，列为濒危。⑤易危：一个生物分类单元虽未达到极危或濒危的标准，但在未来一段时间中其在野生状态下灭绝的概率较高，列为易危。⑥低危：一个生物分类单元，经评估不符合列为极危、濒危或易危任一等级的标准，列为低危。⑦数据不足：对于一个生物分类单元，若无足够的资料对其灭绝风险进行直接或间接的评估时，可列为数据不足。⑧未评估：未应用有关IUCN濒危物种标准评估的分类单元列为未评估。

我国在1996年开始出版中国植物红皮书，参考IUCN红皮书等级制定，采用"濒危"、"稀有"和"渐危"3个等级：①濒危：物种在其分布的全部或显著范围内有随时灭绝的危险。这类植物通常生长稀疏，个体数和种群数低，且分布高度狭域。由于栖息地丧失或破坏或过度开采等原因，其生存濒危。②稀有：物种虽无灭绝的直接危险，但其分布范围很窄或很分散或属于不常见的单种属或寡种属。③渐危：物种的生存受到人类活动和自然原因的威胁，这类物种由于毁林、栖息地退化及过度开采的原因在不久的将来有可能被归入"濒危"等级。

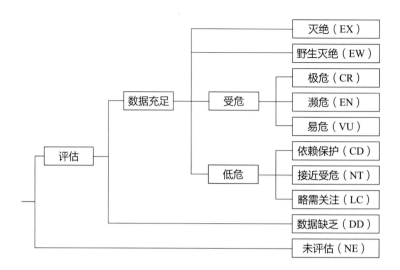

5 热带雨林

热带雨林是指潮湿热带地区常绿、高大的森林植被，是地球上陆地生态系统中最神秘、最美观、结构最复杂、适应性最强、稳定性最大、功能最完善、生物多样性最丰富的森林生态系统。

6 热带雨林植物景观特征

热带雨林独特的气候条件、地形地貌特征，热带地区的植物景观也表现出其他地区所没有的"热带个性"，主要有：

（1）板根现象：热带雨林中的一些巨大乔木，如高山榕、见血封喉、木棉、人面子等树种通常在树干的基部延伸出一些形如板墙的翼状结构，也就是板根，是高大乔木的一种附加的支撑结构。

（2）绞杀现象：绞杀植物的果实被鸟类取食后，种子不消化，被排泄到其他树木的枝丫或树皮裂隙上。遇到适宜条件，这些种子就会萌发，并依附在被绞杀植物上生长，生出网状根将其紧紧包围，最终伸入土壤吸收水分和养分并迅速变粗，将依附的植物"绞杀"而死。实施绞杀的植物几乎都是榕属植物，主要是高山榕、斜叶榕和榕树等。

（3）空中花园：是指树上附生植物（如地衣、苔藓、蕨类、天南星科和兰科等植物），当它们开花时会把大树装扮得五彩缤纷，宛如一座座悬挂在空中的"花园"。在海南热带雨林中，"空中花园"景观以鸟巢蕨最为常见，由于这种植物叶子辐射状环生于根状茎周围，中空如鸟巢，故名"鸟巢蕨"。

（4）滴水叶尖：是指雨林环境潮湿，为排除过多的水分而叶子的顶端形成了一些长而特殊的排水结构，它是植物适应高温高湿气候环境的一个表象，比较典型的是菩提树。空气中水分经过夜晚相对低温后，大部分聚集在叶子表面并逐渐向叶尖汇集而形成水滴。到清晨，水滴就会像小雨一样散落下来，这也是"雨林"一词的由来。

（5）老茎生花（结果）：热带雨林处于中下层的树木不能与上层植物争夺阳光，于是它们就在空旷的老枝或树干上开花，吸引昆虫传粉，繁衍后代。此外，其粗壮的树干储藏有大量的养分，也能承受果实的重压。老茎开花结果是植物在进化中逐渐适应生活环境而形成的生物现象，代表性植物的有波罗蜜、大果榕、火烧花、可可等。

（6）独木成林：植物刚长出的"气生根"向下垂落，插入土壤吸收水分和养分后就会逐渐增粗，慢慢成为支柱根，支撑着不断向外扩展的树枝，使原来的树冠不断扩大。这些不断形成的支柱根就像许多只脚，不断的开疆拓土，日复一日，就形成遮天蔽日、独木成林的奇观。独木成林最典型的树种是榕树，常见的还有斜叶榕、高山榕等。

（7）巨藤飞舞：热带雨林中许多木质藤本植物，为了获取阳光开花结果，它们集中营养物质于主茎蔓，拼命往上攀爬。而当它们爬上树冠，获得了充足的阳光，便在上面迅速分枝、长叶片，甚至覆盖了支撑着它的大树树冠，并且开花结果。有的巨藤粗如臂腿、斜飞上二三十米高的大树，有的粗大藤条悬挂在高大树冠的下面，有的还自己缠绕成垂吊的大小不同的环结。

（8）巨叶彩叶：热带雨林中许多草本植物具有巨大的叶子，大的可以容纳数人在叶子下避雨。巨大的叶子能捕捉到更多的阳光，一般认为这是热带雨林草本植物适应弱光的结果。彩叶现象则是由于热带地区光照强，植物为避免嫩叶灼伤而采取的适应策略。植物新叶长出时表现为红色而垂下，几天或几周后才逐渐变绿和变得坚挺；而温带的树木则不同，在秋季叶片衰老快脱落时才为红色，前者象征新生，后者意味衰老。热带雨林中的彩色叶子多出现在春夏季。

（9）树皮斑驳：由于热带雨林内温暖湿润的环境，在植物树干上很适合地衣、苔藓等生物生长，分泌出酸性物质腐蚀树皮而形成很多大小不一、颜色各异的斑块特征。

（10）林冠凹凸：热带地区台风多，高大树木自然死亡或被台风吹倒后也就形成了大大小小的空旷地，这些空旷地便是林学上称作的林窗。当我们从高处远眺雨林时，就会发现，由于这些林窗的存在使雨林林冠凹凸不平，犹如一个个大窟窿。

7 观赏植物

观赏植物是指具有一定观赏价值，适用于室内外布置、美化环境并丰富人们生活的植物总称。

8 彩叶植物

彩叶植物是指在正常视觉条件下，成熟植物体有大量叶片长期的或周期性的稳定呈现非绿色，并有较高观赏价值的一类植物，包括因密被毛、秕鳞等附属物而导致的非绿叶植物和彩脉植物。

9 芳香植物

芳香植物是指含有挥发性芳香油，具有芳香气味的一类植物。

10 药用植物

药用植物是指某些全部、部分或其分泌物可以入药的植物。

11 有毒植物

有毒植物是指凡有中毒实例或实验证实有可能通过食入、接触或其他途径进入机体，造成人、家畜或其他某些动物死亡或机体机能长期性或暂时性伤害的植物。

12 入侵植物

入侵植物是指自然和人类活动等无意或有意传播引入到异域的植物，通过归化自身建立可繁殖种群，进而影响侵入地生物多样性，使其生态环境受到破坏，并造成经济影响或损失。

13 乡土植物

乡土植物是指没有任何人类直接或间接影响而在一个地区自然生存或起源的植物。

14 特有植物

特有现象是指某一生物类群单元（如种、属或科）局限分布于某一地理区域内的现象，特有植物则是指分布区仅限于某一地区或仅生长在某种局部特有生境的植物种类。

15 孑遗植物

孑遗植物是指绝大部分植物物种由于地质地理气候变迁等原因灭绝之后幸存下来的古老植物，被称为活化石。在中国孑遗植物有100多种，如水杉*Metasequoia glyptostroboides*、银杏*Ginkgo biloba*、桫椤*Alsophila spinulosa*、红豆杉*Taxus wallichiana* var. *chinensis*、珙桐*Davidia involucrata*、落羽杉*Taxodium distichum*、水椰等。

16 红树林植物

红树林（Mangrove）是指自然生长在热带、亚热带海岸潮间带的木本植物，依其生长习性可将其分为真红树植物（True mangrove）、半红树植物（Semi-mangrove）和红树林伴生植物（Mangrove associates）三类。

17 植物种质资源

植物种质资源是指能将特定的遗传信息传递给后代并有效表达的植物的遗传物质的总称，包括具有各种遗传差异的野生种、半野生种和人工栽培类型。

18 生物多样性

生物多样性是生物及其环境形成的生态复合体以及与此相关的各种生态过程的综合，包括动物、植物、微生物和它们所拥有的基因以及它们与其生存环境形成的复杂的生态系统。生物多样性通常包括遗传多样性、物种多样性和生态系统多样性三个组成部分。森林是陆地上生物最多样、最丰富的生态系统，是动植物和微生物的自然综合体。

19 五树六花

"五树六花"是佛经中规定寺院里必须种植的五种树、六种花。其中，"五树"分别是指菩提树、高山榕、贝叶棕*Corypha umbraculifera*、槟榔、糖棕；"六花"分别是指荷花、黄姜花*Hedychium flavum*、鸡蛋花、缅桂花（黄兰）、文殊兰、地涌金莲*Musella lasiocarpa*。

20 花语

花语是指人们用花来表达人的语言，表达人的某种感情与愿望，在一定的历史条件下逐渐约定形成的，为一定范围人群所公认的信息交流形式。花语是构成花卉文化的核心，在花卉交流中，花语虽无声，却此时无声胜有声，其中的含义和情感表达甚于言语。

附录B　植物形态术语图解

植物的形态和构造是指各种植物外在的表现形式和结构组成。自然界植物种类繁多、千变万化，虽然其根、茎、芽、叶等营养器官和花、果等生殖器官的基本形态和构造组成是相同的，但不同的植物在形态和构造的细节上是多有不同的。这也是人们用于描述植物形态特征和识别、鉴定植物的重要手段与依据。

1 花

花是植物最重要的观赏特性，它是被子植物所特有的有性生殖器官，一般由花梗、花托、花被（包括花萼、花冠）、雄蕊群和雌蕊群所构成。花是反映植物科、属特征的重要部位。

（1）花的结构

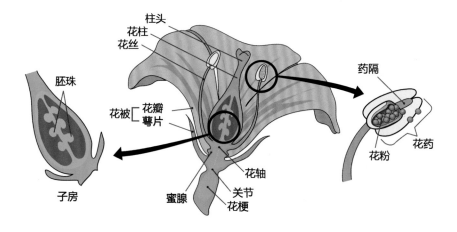

（2）花型

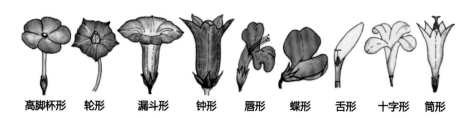

高脚杯形　　轮形　　漏斗形　　钟形　　唇形　　蝶形　　舌形　　十字形　　筒形

（3）花序

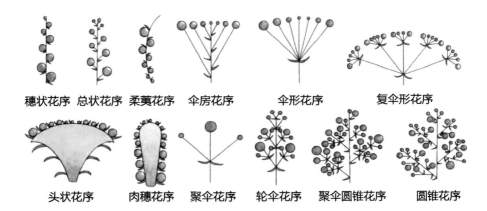

穗状花序　总状花序　柔荑花序　伞房花序　　伞形花序　　　复伞形花序

头状花序　肉穗花序　聚伞花序　轮伞花序　聚伞圆锥花序　圆锥花序

2 果实

　　果实是由子房或花的其他部分（如花托、花萼等）发育而成的植物器官，是供观赏和食用等用途的重要部位。果实一般由果皮、种子和果柄组成，起传播与繁殖的作用。

（1）果实和种子的结构

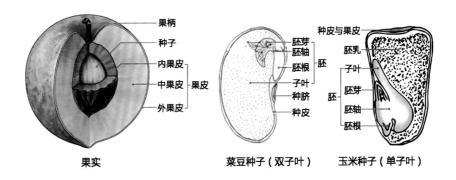

果实　　　　　菜豆种子（双子叶）　玉米种子（单子叶）

（2）果型

浆果　　瓠果　　核果　　梨果　　双悬果　蓇葖果　蒴果

荚果　长角果　瘦果　　坚果　　盖果　　　翅果　　聚合果　聚花果

3 叶

叶是由芽的叶原基分化而形成，一般由叶片、叶柄和托叶三部分组成。它是植物制造有机物、蒸腾水分和气体交换的重要器官，也是进行光合作用和蒸腾作用的主要场所。

（1）叶的组成

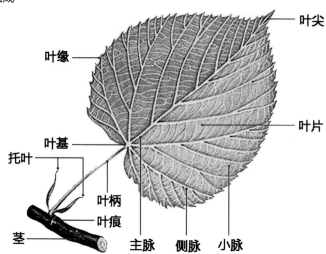

（2）叶形

针形　披针形　线形　楔形　椭圆形　卵形　圆形　卵圆形　倒卵形　心形　扇形　匙形　戟形

（3）叶型

单叶　掌状复叶　奇数羽状复叶　偶数羽状复叶　二回偶数羽状复叶　三回奇数羽状复叶

（4）叶序

交互互生　二列状互生　交互对生　二列状对生　轮生　簇生

参考文献

[1] 陈冀胜,郑硕.中国有毒植物[M].北京：科学出版社,1987.

[2] 国家林业局野生动植物保护与自然保护区管理司,中国科学院植物研究所.中国珍稀濒危植物图鉴[M].北京：中国林业出版社,2013.

[3] 雷颂宇,邵霭贤,周锦超,等.嘉道理农场暨植物园植物导赏图册[M].香港：嘉道理农场暨植物园出版,2005.

[4] 李敏,金宁.华南野外观花手册[M].郑州：河南科学技术出版社,2015.

[5] 林有润.观赏棕榈[M].哈尔滨：黑龙江科学技术出版社,2002.

[6] 马金双.中国入侵植物名录[M].北京：高等教育出版社,2013.

[7] 宋希强.观赏植物种质资源学[M].北京：中国建筑工业出版社,2012.

[8] 宋希强.热带花卉学[M].北京：中国林业出版社,2009.

[9] 苏雪痕.植物造景[M].北京：中国林业出版社,1994.

[10] 王康传.海南人自己的植物图鉴[M].海口：学苑出版社,2018.

[11] 王文卿,王瑁.中国红树林[M].北京：科学出版社,2007.

[12] 王羽梅.中国芳香植物[M].北京：科学出版社,2008.

[13] 邢福武,陈红锋,秦新生,等.中国热带雨林地区植物图鉴：海南植物[M].武汉：华中科技大学出版社,2014.

[14] 邢福武,曾庆文,陈红锋,等.中国景观植物（上、下册）[M].武汉：华中科技大学出版社,2009.

[15] 徐晔春.园林植物1000种经典图鉴（终极版）[M].长春：吉林科学技术出版社,2014.

[16] 杨小波.海南植物名录[M].北京：科学出版社,2013.

[17] 杨小波.海南植物图志[M].北京：科学出版社,2015.

[18] 周亚东.文化雨林[M].海口：南海出版公司,2017.

[19] 庄雪影.园林植物识别与应用实习教程（华南地区）[M].北京：中国林业出版社,2009.

[20] Javier Francisco-Ortega, Zhong-Sheng Wang, Fa-Guo Wang, *et al*. Endemic Seed Plant Species from Hainan Island: A Checklist[J]. The Botanical Review, 2010, 76(3):295-345.

[21] Javier Francisco-Ortega, Zhong-Sheng Wang, Fa-Guo Wang, *et al*. Seed Plant Endemism on Hainan Island: A Framework for Conserva-tion Actions[J]. The Botanical Review, 2010, 76(3):346-376.

中文名索引

拉丁学名索引